KB235421

신은 주사위를 던지지 않는다

신은 주사위를 던지지 않는다
아인슈타인의 자연법칙 탐구

초판발행 · 2009. 5. 11.
초판 2쇄 · 2011. 3. 10.
지은이 · 데이비드 A. 시앙
옮긴이 · 김승환
펴낸이 · 지미정
펴낸곳 · 知와 사랑

서울시 마포구 합정동 355-2
전화 (02)335-2964
팩시밀리 (02)335-2965
등록번호 제10-1708호
등록일 1999. 6. 15.

ISBN 978-89-89007-39-5
값 11,000원

www.jiwasarang.co.kr

GOD DOES NOT PLAY DICE

아인슈타인의 자연법칙 탐구

신은 주사위를 던지지 않는다

데이비드 A. 시앙 지음 | 김승환 옮김

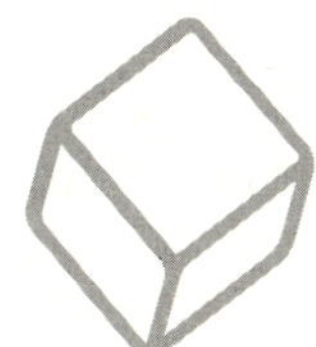

知와 사랑

나는 신이 이 세계를 어떻게 창조했는지 알고 싶다. 나는 여러 가지
현상이나 다양한 원소의 스펙트럼에 대해서 관심이 없다. 내가 알고 싶은
것은 그의 생각이다. 나머지는 다 사소한 일들일 뿐이다.
— 알베르트 아인슈타인

인간이 생각하는 존재의 목적은 그 목적이 이루어지면 사라져버릴
의미의 껍데기일 뿐이다. 목적을 가지고 있든, 인간의 인식 너머에
목적이 있든 그 목적은 성취되는 순간 달라진다.
— T. S. 엘리엇

일러두기

_본문에 있는 * 표시는 독자의 이해를 돕기 위한 역자 주입니다.

_본문 속 어깨글자로 표시한 번호는 저자에 의한 참고문헌 표시입니다.

_국내에 번역되어 있는 책은 그 제목을 따랐습니다.

_원서에 있는 괄호는 대부분 표시하였으나 몇 가지는 문맥에 따라 자연스럽게 괄
호를 풀어서 번역하였습니다.

차례

1980년대 초, 냉기 어린 어느 비 내리는 밤, 나는 오리건 주 포틀랜드에 있는 포웰스 북스 서점 바닥에 떨어져 있던 데이비드 A. 시앙의 첫 번째 책, 『자연에 무질서란 없다 *On the Absence of Disorder in Nature*』에 걸려 넘어질 뻔했다. 지금은 아닐지 모르지만 당시 그 책은 아주 희귀본에 속했다. 나는 몸을 구부려 책을 집어 들었다. 스탠퍼드에서 과학을 전공했던 내게 그 책은 너무나도 충격적이고 기이해서 사오십 번은 족히 읽어 내려갔던 듯싶다. 물론 그 뒤로도 나는 그 책을 수백 번 더 읽어보았다. 다해봐야 29페이지밖에 안 되는 그 책은 그 뒤로 내가 가장 좋아하는 책 가운데 하나가 되었다. 데이비드 A. 시앙의 두 번째 책인 『신은 주사위를 던지지 않는다』는 길이가 조금 더 길어졌지만 읽는 재미는 여전하다. 내 선입견과 과학적 고정관념이 그의 새로운 사고방식과 융합되는 데에는 20년이 넘는 시간이 걸렸다. 그러나 독자 여러분이 시앙을 이해하는 데에는 아마도 그처럼 오랜 세월이 필요치는 않으리라.

시앙은 우연성과 무신론과 다윈과 자연선택설을 우아하게 공격하고 매혹적으로 허물어뜨리면서도 완전히 짓밟지는 않는다. 그의 명석함과 논리는 놀랍도록 통렬하다. 또 그는 망설임 없이 신의 마음을 옹호한다. 그는 현대 과학의 철학과 심리학을 가장 근원적이고 자연스럽게 사색한 사상가이다.

시앙은 1970년대 후반부터 혼돈과 무질서와 신에 대한 우리 시대 과학자들의 그릇된 가정들과, 자신이 발견한 우주적 본질의 모호함에 대해 연구해왔다. 그는 신을 '의식의 금광the gold mine of consciousness'이라 칭한다.

그가 스스로 인정하는 것처럼, 시앙은 칼 포퍼와 데이비드 봄 같은 인물들에게 영감을 받아 자신의 추론을 지속적으로 발전시켰다. 그의 과학적 논거와 그 논거를 주장하는 방식은 과학적인 사고에 기인한다. 이 책은 시류에 편승하여 새로운 무신론과 무질서적인 우주를 주장하는 대중적인 과학자들에 맞서며 그가 수십 년에 걸쳐 쌓아 올린 담대하고도 절박한 노력의 집합체이다. 대중적인 과학자들의 책은 수백 만 권이 팔려나가고 있다. 신의 존재를 부정하거나 신을 정신적 질환의 산물이라고 주장하는 저서나 강연은 어디서나 찾아볼 수 있는 돈벌이가 되었다. 사람들은 우주를 빚은 신의 형편없는 솜씨에 대해 언제나 불만이 많다. 마치 우리 행성의 모든 고통이 전부 신의 책임이라는 듯이 말이다.

유행하고 있는 무신론과 혼돈에 대한 믿음에 대항하듯, 시앙은 오늘날 대부분의 대중 과학자들 사이에 팽배한 놀랍도록 깊은 무지의 비밀을 차근차근 품위 있게 밝힌다. 실제로 일부 과학자들은 스스로를 '현자'라 칭한다. 그리고 어느 현자가 말한 것처럼, 이 현자들은 신을 믿지 않는다.

나는 유행을 좇는 현자들보다 시앙이 오래 가리라 생각한다. 특히 무질서에 대한 문제에 대해서는 더 그렇다. 시앙은 자연선택설을 비롯해 사람들이 일반적으로 당연하게 여기는 논리들 즉, 무질서의 존재를 증명하는 경험론적 실험 증거들이 있다는 과학자들의 주장을 논박한 후, 추앙받는 과학자들이 강력한 환상을 얼마나 무분별하게 추종하고 있는지를 보여주는 그들의 말을 인용했다. 그들은 자신들의 이런 논리를 어쩔 수 없이 믿어야만 한다. 그렇지 않으면 그들은 할 말이 거의 없을 것이기 때문이다.

더욱이 시앙은 이 과학자들이 우주에 통제가 필요 없으며 우주가 전적으로 무질서하다는 주장을 고수한다는 사실을 보여준다. 과학자들이 환상이라고 말하는 신의 존재보다 과학자들의 주장이 더 믿기 어렵다는 사실을 명백히 보여주는 시앙의 마음을 들여다보는 것은 어쩌면 두려운 일일 수도 있다. 그렇기 때문에 시앙과 그의 저서는 수십 년 동안 온갖 비난과 공격을 받아야 했다. 이 책은 그래서 더욱 권위가 있다.

나는 지난 수십 년간 우주에 대한 내 강의 시간에 시앙의 매력적인 주장을 학생들에게 소개하곤 했다. 그럴 때면 학생들은 언제나처럼 호기심과 충격과 유쾌한 동요가 뒤섞인 반응을 즉시 보인다.

시앙의 업적과 그 깊은 영향력의 중요성은 아무리 강조해도 지나치지 않다. 새로운 시대의 변화를 주도한 상대성이론이나 지동설처럼 시앙의 논리는 과학이론의 틀을 바꾸어놓는다.

하지만 일부 무신론자들과 무질서론 추종자들에게는 이 책이 위험하게 느껴질 것이다.

나는 내 학생들 외에 사람들에게는 할 말이 많지 않았다. 그런데 데이비드 시앙이 나타났다. 그는 가장 길들여지지 않은 사상가이다. 그리고 나는 이내 그에게 빠져버렸다.
— 제임스 휘트컴 라일리의 〈노인과 짐 *The Old Man and Jim*〉 중에서

레너드 클리쿠나스
아이다호 주州 보이시 주립대학 인류학과
2007년 9월 11일

1장
책을 시작하면서

●

우리의 과학적 기대는 서로 다릅니다. 당신은 주사위 놀이를 하는 신을
믿지만 나는 객관적으로 존재하는 세계의 완전한 법칙과 질서를 믿으며
순전히 사색적인 방식을 통해 그 원리를 포착하려 노력하고 있습니다.
…… 양자론이 처음에 엄청난 성공을 거두었다고 해도 나는 세계가
근본적으로 주사위 놀이 같은 우연을 토대로 이루어졌다고 생각하지는
않습니다. 물론 젊은 동료 학자들이 이런 나를 노망 난 늙은이로
여긴다는 것도 잘 알고 있습니다. 하지만 직관적인 사고방식이 옳았다는
사실이 밝혀지는 날이 반드시 올 겁니다.[1]
— 1944년, 막스 보른에게 보낸 아인슈타인의 편지 중에서

이 책은 여러 가지 면에서 내가 『자연에 무질서란 없다』에서 처음 논했던 생각들을 발전시킨 내용을 담고 있다. 『자연에 무질서란 없다』는 아인슈타인 탄생 100주년 즈음이던 1979년 출간되었다. 당시 나는 우리가 완전한 법칙과 질서가 지배하는 세상에 살고 있다고 믿었던 아인슈타인의 주장을 증명하고 싶었다. 잘 알려진 것처럼, 아인슈타인은 자연이 본질적으로 확률을 기초로 이루어져 있다는 양자론의 전통적인 관점을 부정했으며 말년에는 과학자들 사이에서 얼마간 배척을 당하기도 했다. 비록 아인슈타인이 여전히 인류의 가장 위대한 지성으로 추앙받고 있기는 하지만 (『타임』지 1999년 12월호에서는 그를 세기의 인물로 칭했다.) 양자론을 포용하지 못한 점은 아직도 여러 동료 과학자들의 비난과 조롱을 사고 있다. 그들은 아인슈타인이 올바른 이론을 수없이 이끌어냈음에도 불구하고 왜 유독 양자론에 대해서는 틀린 견해를 내비쳤는지 의아해한다.

아인슈타인이 양자론을 거부하고 자연계의 법칙과 질서를 주장한 것이 옳았다고 생각하는 물리학자는 소수에 불과하다. 하지만 "신은 주사위 놀이를 하지 않는다."는 그의 말은 결국 옳았던 것으로 밝혀졌다. 나는 아직도 아인슈타인이 최후에 웃는 자가 되리라 생각한다. 세계는 질서 속에 있으며 그 질서를 벗어나지 않는다. 우리가 아인슈타인이 찾고 있던 모든 것을 그에게 전해줄 수는 없을 것이다. (모든 것을 예언하고자 했던 그의 바람은 실현되지 못할 것이다. 그리고 그가 그토록 두려워했던 원격유령작용*은 사실로 확인되었다.) 그러나 그를 만족시킬 수 있을 만큼은 전해줄 수 있을 것이다.

물론 과학에서 '옳다', '바르다' 같은 개념이 설 자리는 없다. 하지만 진실이나 실재에 가까운 어떤 사실을 묘사할 때는 이런 말이 자주 등장한다. 예컨대, 칼 세이건은 "절대적인 확실성은 언제나 우리를 피해갈 것이다."[2]라고 말했다. 이런 정서가 과학

---

* **원격유령작용spooky action at a distance** | 양자역학에서는 텔레파시 같은 순간적 영향력 즉, 빛의 속도를 초월하여 전해지는 어떤 작용이 있다고 주장한다. 그러나 아인슈타인은 이런 힘의 존재를 부정하면서 이를 원격유령작용이라 불렀다. 이론적으로 볼 때, 광속을 초월하는 작용이 있다면 빛보다 빠른 것이 없다는 상대성이론이 붕괴된다.

에서는 진실로 통용될지도 모른다. 그럼에도 불구하고 우리는 자연이 우연이나 확률이 아닌 법칙과 질서의 지배를 받는다는 사실을 100% 확신할 수 있다. 단언컨대, 궁극적인 해답은 과학 너머에 존재한다.

과학적인 방법을 부정할 수는 없지만 과학이 해답을 줄 수 있는 문제는 아주 한정적이라는 사실을 우리는 알 수 있다. 과학자들은 실재의 영역을 탐구하는 유일한 방법이 과학뿐이라고 주장하겠지만 꼭 그렇지만은 않다. 또 과학에 '자율 조정적' 메커니즘이 있다고들 하지만 자연에 관한 오랜 과학적 가정들은 증거가 없고 완전히 틀릴 수도 있는 것이 사실이다.

예를 들어, "과거가 다른 방식으로 일어날 수도 있었을까?"라는 문제는 우리 모두가 가끔씩 의문을 품는 중요한 문제이다. 이는 수학이나 논리, 이성, 실험 따위를 통해 답할 수 있는 문제가 아님에도 불구하고 정확하게 대답할 수 있다. 그리고 이에 대한 올바른 (그리고 궁극적인) 해답에는 실재와 시간과 미래와 인간의 자유에 대한 중요한 의미들이 들어 있다.

허리케인 같은 자연 현상이나 양자 실험이 실제로 있었는지에 대해 우리가 관심을 가지고 있다고 치자. 하지만 우리가 진짜로 알고 싶은 것은 우리가 과거에 다르게 행동할 수 있었느냐는 점이다. 우리가 실제로 존재하고 있는 현재의 모습과 다른 모습일 수도 있었을까? 우리에게 다른 선택의 여지가 있었을까? 우리에게 참된 자유의지가 있을까? 『신은 주사위를 던지지

않는다: 아인슈타인의 자연법칙 탐구』라는 이 책의 제목은 이런 의문점들에 대한 해답이 바로 가까이에 있음을 의미한다.

자유의지의 문제에 대해 정성定性적이고 정량定量적인 해결책을 제시함과 동시에 나는 과거와 현재와 미래의 관계, 슈뢰딩거의 고양이*, 유전론과 환경론에 관한 논쟁, 진화의 우연성과 섭리에 관한 문제 등, 우리가 안고 있는 가장 심오한 여러 가지 문제들에 대해 궁극적인 해답을 제시하고, 인류의 전통적인 지혜나 가장 기본적인 믿음에 대해서도 의문을 제기할 것이다. (마지못해 그럴 수밖에 없었다는 변명을 덧붙인다. 왜냐하면 현재의 상태를 그대로 유지하는 편이 훨씬 쉬웠을 것이기 때문이다. 나는 천성적으로 가장 무난한 방법을 선호하는 사람이다.) 또 나는 새롭고, 놀랍고, 심지어 상상도 하기 힘든 가능성들에 대해서도 화두를 던질 것이다. 하지만 내가 제시할 해답들은 철

---

* **슈뢰딩거의 고양이**Schrödinger's cat | 양자법칙을 거시적 세계까지 확장할 때의 결과를 보여주는 비유. 1시간에 1/2 확률로 분해되는 알파입자 가속기와 청산가리 통이 들어 있는 밀폐된 상자에 갇힌 고양이가 있다. 이 상자에서는 청산가리 통이 알파입자 방출을 감지하면 그 통이 깨지고 고양이는 죽는다. 그렇다면 1시간 후, 과연 고양이는 어떻게 될까? 알파입자는 미시적 세계에 존재하지만 그 입자는 거시적 상태에 놓인 고양이의 생사를 좌우한다. 1시간 후 고양이는 죽어 있을 수도 있고 살아 있을 수도 있다. 1시간 후의 일은 어떤 식으로든 정해져 있고 그 결과는 관찰과 무관하지만 양자론자들은 그 결과가 관찰의 지배를 받는다고 말한다. 우리가 아는 것은 결과가 아닌 확률이다. 고양이는 살거나 죽겠지만, 그 결과는 상자를 열어봐야만 의미를 갖게 된다.

저히 논리적이며 대부분은 아주 단순하다.

　하지만 주의할 사항이 한 가지 있다. 열린 마음이 없는 사람이라면 더 이상 이 책을 읽는 데 시간을 낭비하지 마라는 점이다. 나는 때와 장소를 가리지 않고 자신이 몸담고 있는 분야에 대해서만 언급하는 다양한 물리학자들을 이따금 만난다. 그들은 보통 두 부류로 나뉜다. 내 경험상 소수에 속하는 첫 번째 유형은 CFD(Contra-Factual Definiteness: 사실과 반대되는 가정의 한정성) 같은 개념과 그 개념의 주된 역할, 그리고 비슷한 가설들이 과학에서 어떤 역할을 하는지를 빨리 이해한다. 이들은 자신의 추측에 기꺼이 의문을 제기하고 오랫동안 자신이 고수해온 입장에 대해서도 다시 생각해볼 수 있다. 나머지 대다수가 속한 두 번째 유형은 자신이 확실하다고 믿고 있는 세계관에 도전하는 것에는 그 무엇이든 관심이 없다. 이들은 내가 제시하는 가설이 비록 실험적 증거가 없어도 확률과 통계, 열역학 제2법칙*을 비롯한 다양한 과학의 중심에 있으며, 연역적으로 볼 때 동등한 가능성이 있는 다른 가설들도 있다는 사실을 지적하면 흥분하고 화를 내는 경향이 있다. 이들은 자연과학 가운데에서도 가장 자연적인 과학에 결국 실험적 증거가 없을 수도 있다는 개념을

----

* **열역학 제2법칙The second law of thermodynamics** | 에너지의 방향과 흐름에 대한 법칙으로, 닫힌 계(system)에서 총 엔트로피(무질서도)의 변화는 항상 증가하거나 일정하며 절대로 감소하지 않는다는 내용을 담고 있다. 즉, 자연계에서 일어나는 모든 과정은 비가역적이라는 것이다.

불편해한다.

　한번은 어떤 물리학자와 함께 저녁식사를 하며 확률론의 기초에 대해 이야기를 나눈 적이 있다. 그 자리에서 그는 거의 광분할 지경에 이르렀다. 그는 마치 '내가 말하고 있는 내용이 사실이라면 라스베이거스가 어떻게 존재할 수 있느냐.'는 듯이 반응했다. 이 불쌍한 영혼의 몸에는 철학적인 뼈대가 없었고 (그는 심지어 칼 포퍼에 대해서도 들어본 적이 없었다.) 자연이 근본적으로 우연성의 지배를 받는다는 사실을 실험으로 증명할 수 있다고 철저하게 믿고 있었다. 그는 미시적 사건과 거시적 현상 사이의 차이점에 대해서도 명확하게 생각하고 싶어하지 않았다. 지금 생각해보면 그는 자신의 추측에 대해서도 어느 것 하나 배운 적이 없었고 지금도 그 추측들을 검증하려 들지 않을 것임이 분명하다. 그는 나를 '괴짜'라고 몰아세우며 아주 즐거워했다. (괴짜라는 말은 과학자들이 가장 좋아하는 용어로, 근거가 없거나 터무니없어보이는 새로운 개념을 소개하는 사람을 얕잡아 부를 때 쓰는 말이다.) 나는 그저 잘 알려진 과학적 가설을 한 가지 보여주고 그 가설이 확률론에서 어떤 의미가 있는지를 알려주려 했을 뿐이다. 그는 그 가설에 대해서 들어본 적이 없었다. 즉, 그의 마음속에는 그 가설이 존재하지 않았던 것이다. 그는 은퇴를 목전에 두고 있었고 '물리학이 바위처럼 굳건하다.'는 그의 믿음에는 아무도 반기를 들려 하지 않았다.

　나는 자신의 이론이나 믿음에 대해 의문을 제기하는 사람들에게 아주 방어적인 태도를 취하는 과학자들을 종종 만난다. 그들은 자신이 확실한 사실과 실험적 관찰 결과들로 이루어진 세계를 다루고 있다고 생각하고 싶어한다. 내 경험에 비추어보면 그들의 사고는 아주 폐쇄적이다. 그들은 자신이 사물의 원리를 진심으로 알고 싶어하고 자신이 새로운 생각과 마음의 변화를 얼마나 즐거워하는지에 대해 끊임없이 말하고 싶어할지도 모른다. 하지만 그들은 일반적으로 자신의 추측이나 믿음에 대한 비판은 인정하려 들지 않는다. 추측과 믿음은 베일에 가려진 경우가 많다. 그리고 이를 햇빛으로 끌어내려면 자기 반성과 자기 점검이 필요하다. 하지만 과학자들이 이를 반기는 경우는 드물다.

닉 허버트는 『양자적 실재: 새로운 물리학을 너머 *Quantum Reality: Beyond the New Physics*』에 자신이 학교를 졸업할 때의 상황을 정리해두었다. (그 상황은 오늘날에도 별로 다르지 않을 것이다.) 그는 이렇게 기술했다.

교수들에게 양자론의 실체 즉, 수학적 이론 뒤에 있는 실재가 무엇이냐고 묻자 그들은 실재에 대한 질문이 물리학자에게 무의미하다고 대답했다. 그들은 수학과 실험적 사실을 근거로 나를 훈계했으며 그 이면에서 어떤 일이 벌어지고 있는지에 대해서는 더 이상 고민하지 않았다.[3]

이면에서 실제로 일어나는 일에 관심이 없는 사람이 기댈 곳이라고는 수학뿐이다. 이는 많은 이들이 의지하는 방법이며 효과가 있는 것처럼 보인다. 결과적으로 볼 때, 양자론은 실험적 검사에서 실패한 적이 없으며 과학의 역사에서 가장 성공적인 이론으로 일컬어진다.

그러나 뒤에서 살펴보겠지만, 1927년 브뤼셀에서 열린 저 유명한 솔베이 물리학회 이후로 많은 과학자들이 주장한 바와는 달리 양자론의 핵심적인 주장은 실험으로 증명할 수 있는 문제가 아니다. 과학자들은 실험으로 밝힐 수 없는 명제를 비난할 때 '단순한 철학mere philosophy'이라는 말을 자주 사용한다. 하지만 자연이 본질적으로 확률에 근거하여 존재한다는 개념도 역시 다름 아닌 이 범주에 속한다. 자연이 본질적으로 확률적이라는 주장을 증명할 수 있는 실험적 증거가 어디에도 없다는 사실은 이미 만천하에 드러났다. 지극히 편중된 사고방식을 가진 사람이라면 분명히 아인슈타인의 주장에 동의할 수 없을 것이다. 그러나 아인슈타인이 틀렸다는 사실이 실험으로 밝혀졌다고 말하는 건 거짓이다. 브라이언 그린이나 스티븐 호킹 같은 물리학자들의 주장에도 불구하고 신이 주사위 놀이를 하듯, 모든 일이 확률과 우연을 바탕으로 일어난다는 증거는 없다. 이런 주장을 하는 사람들은 자연 자체를 통해 자연을 예측할 수 있는 가능성을 가로막고 있는 셈이다.

2장

여정의 출발

당신이 알고 있는 모든 것은 틀렸다.

— 파이어사인 시어터*

---

* **파이어사인 시어터**The Firesign Theatre | 1960년대 중반부터 로스앤젤레스 라디오에서 활동을 시작한 4인조 남성 코미디 팀으로, 직관적이고 초현실적인 주제의 라디오 코미디 작품을 선보이고 있다.

지금으로부터 약 40년 전, 나는 언젠가 과학적인 방법을 통해 자연의 비밀이 벗겨지리라는 생각을 가지고 MIT에서 대학생활을 시작했다. 과학의 전성기에 자라난 나는 똘똘 뭉쳐 근원적 진실을 추구하는 공동체에 합류하고 싶은 열망으로 가득했다. 다른 많은 친구들처럼 나는 과학적 경력이 우주의 신비를 이해하는 확실한 방법이 되리라 생각하고 있었다. 당시 내게 그보다 더 중요한 일은 없었고 끝없이 성장하는 지식의 세계에 공헌한다는 생각으로 들떠 있었다.

그러나 새내기 시절을 보내며 나는 모든 수학과 공식들의 한가운데에 뭔가가 빠져 있다는 불편한 느낌을 가지게 되었다. 비록 당시는 내가 과학과 기술의 요새로 들어가기도 전이었지만 내가 보기에는 과학의 영역을 넘어선 중요한 탐구 영역이 있을 것 같았고 학교 교육을 통한 경험은 아주 제한적이라는 사실을 깨닫기 시작했다. 물리학이나 화학 같은 자연과학을 숭상하고 다른 모든 분야는 기껏해야 2류 정도로 여기는 MIT의 분위기를 알게 되면서 과학적인 방법으로 실재를 완전히 이해하기에는 뭔가 부족하다는 나의 확신은 점차 더 커졌다. 내게 철학을 가르쳤던 휴스턴 스미스 교수에게서 언젠가 당시의 분위기를 잘 보여주는 일화를 들은 적이 있다. 어느 날 스미스 교수는 MIT 교수회의 점심 모임에서 어느 물리학자 옆에 앉게 되었다고 한다. 그 물리학자와 대화를 트면서 스미스 교수는 이렇게 물었다. "선생님은 우리 같은 인문주의자에 대해 어떻게 생각하십니까?" 그러자 물리학자는 이렇게 대답했다고 한다. "어떻게 생각하느냐고요? 생각해본 적도 없습니다만." 그날 이후로도 이런 분위기는 그리 많이 바뀌지 않은 듯싶다.

내 연구의 특정 문제점을 스스로 지적할 수는 없다. 하지만 과학에 대해, 그리고 자연에 대한 과학적 접근법에 대해 더 많이 알면 알수록 수학적 등식을 주무르거나 이론을 기억하는 데에만 나 자신을 묶어두기는 더욱 싫어진다. 계산이나 물리에 대한 나의 공식적인 연구가 내게 무의미하다는 것은 아니다. 이런 일은 아주 유용하다. 나는 여러 가지 시험과 도전을 거쳤고, MIT는 학생들에게 분석 능력 활용법을 잘 가르치기로 이름이 나 있다. (MIT의 교육은 소방 호스로 물을 마시는 격이라는 애기가 공공연하게 돈다.)

　그러나 한편으로는 불편한 느낌을 받기도 했다. 왜냐하면 과학 관련 과목을 수강할 때 근원적인 사색을 할 수 있는 자유가 없다고 느꼈기 때문이다. 물론 초급 과정에 있는 학생들은 논란의 여지가 없는 핵심적인 지식을 배우고 그 지식을 확립해야 한다는 사실을 나도 잘 안다. 우리가 배우고 있던 기초적인 내용들이 시간의 시험을 견뎌냈다는 점에 대해서는 아마도 의문을 제기할 필요가 전혀 없을 것이다. 우리가 알고 있다고 생각했던 거의 모든 지식들은 교과서에 나와 있었다. 그리고 수업 중에는 아주 오래된 지식이 자주 등장했고 가끔이긴 했지만 신선한 아이디어를 내놓는 학생들도 있었다. (가끔은 핵심적인 내용은 똑같지만 가격이 좀 더 비싼 신지식을 맞닥뜨리는 경우도 있다. 교과서 시장에 대한 불만을 늘어놓기는 싫지만 새로운 내용도 별로 없는 책이 100달러나 한다는 건 애석한 일이다.)

　결과적으로 볼 때 교실 수업이란 많은 학생들에게 따분하고 반복적인 느낌을 주었다. 새롭지도 않은 내용이 계속되는 것만 같았고, 학생들은 교과 과정에서 뒤처지지 않기 위해 사실상 강의를 빼먹을 수도 없었다. 교육의 주된 방법은 소위 '사실'이란 것들을 고스란히 흡수하고 그 사실들을 다양한 환경에서 수학적으로 적용하는 일에 집중되어 있었다. 당시에는 문제해결식 수업이 대세였다. 과제도 인위적인 수학적 문제들을 다루는 연습의 끝없는 연속인 것만 같았다. 우리는 언제나 퍼즐의 정확한 해답을 얻기 위해 고심해야 했기 때문에 토론이나 논쟁은 별로 필요가 없었다. 그러면서 우리는 오래 전부터 인정받고 입지를 굳힌 기본적인 원칙들을 차례차례 단순하게 익혀가고 있었다. 신입생들에게는 과학적 권위에 도전하는 일이 허락되지 않았다. 우리의 역할은 과학이라는 계급조직의 밑바닥에서 최대한 조용히 가르침을 받는 일이었다. 그리고 창의적인 생각은 나중의 일이었다.

과학이라는 구속복 속으로 억지로 끌려들어가고 있는 듯한 느낌 때문에 나는 정규 과목 이외의 분야에서 지식을 찾기로 결심했다. 특별한 목표가 있는 것은 아니었다. 하지만 나는 나의 한계와 연구 영역을 과학의 테두리 너머로 확장시키고 싶었다. 그리하여 캠브리지와 보스턴에 있는 여러 서점에서 다양한 다른 분야의 책을 몇 시간이고 읽어치우기 시작했다. 나는 철학과 정신분석학, 심리학, 역사, 문학, 종교를 탐닉했다. 그리고 이런 분야를 연구하면서 명백하게 밝혀진 지식을 단순히 익히기보다는 나의 의견들을 공식화할 수 있으리라는 생각이 들었다. 거기에는 나의 과학적 연구에서 전혀 찾아볼 수 없었던 문답과 탐구의 세상이 있었다. 수학과 물리학은 소소하고 일상적인 모든 종류의 문제를 해결하는 데 아주 유용하긴 했지만 세속적이고 지루하기 짝이 없었다. 나는 그런 과정을 통해 내가 중요한 기초를 쌓고 있다는 사실을 알고 있었지만 가변질량이나 역비율, 각속도 따위를 계산하는 일에는 별로 관심이 없었다.

대신 나는 『죽음에 맞선 삶 *Life Against Death*』에 담긴 철학자 노먼 브라운의 선구적인 해석과 지그문트 프로이트의 『꿈의 해석 *The Interpretation of Dreams*』에 열광했고, 플라톤, 아리스토텔레스, 칸트, 노자처럼 실재와 절대성의 개념에 대해 고민했던 여러 철학자들에 대해서도 탐구했다. 소외와 구원 같은 주제에 대한 나의 쉼 없는 사유에는 MIT 입학 전에 읽었던 콜린 윌슨의 『아웃사이더 *The Outsider*』가 중요한 역할을 했다. T. S. 엘리엇의 작품도 아주 매력적이었으며, 특히 스스로의 존재와 조화를 이루지 못하는 인류의 유령 같은 환상을 표현한 초기의 시들은 더욱 좋았다.

진리에 도달하는 다양한 방법과 마음에 대한 책을 닥치는 대로 섭렵하면서, 탐구가 진척되고 있으며 뭔가 참으로 중요한 것을 알아가고 있다는 느낌이 천천히 강해졌다. 나는 점차 연구를 통해 어디론가로 향하고 있다는 확신을 갖게 되었다. 그리고 몇 달에 걸쳐 연구를 진행하면 할수록 서로 무관했던 것들의 앞뒤가 점점 더 맞아 들어가는 것처럼 보였다. 나는 물론 생소하고 때로는 무척이나 불안정한 이 여정이 끝나가고 있는 것인지조차 눈치챌 수 없었고 그저 할 수 있는 한 많은 자료를 살펴볼 따름이었다. (내가 읽은 도서목록을 노암 촘스키 교수께 보여드리자, 그는 내 탐구에 평생이 걸리리라는 취지의 말씀을 하셨다.) 내가 본 책 중에는 영구적인 가치가 없다고 판명된 작품들도 있었다. 하지만 어느 것도 미리부터 배제시킬 마음은 없었다.

나는 미지의 영역을 탐구하고 있었으며 내 탐구가 나를 어디로 이끌든지 그 길을 따라갈 준비가 어느 정도는 되어 있었다.

아홉 달이나 열 달쯤 되었을 때, 나는 불현듯 어느 지경에 다다랐다는 사실을 단박에 깨달았다. 나는 내 인생을 완전히 바꿔버린 중대한 지적, 정서적 전환점에 도달했다. 그것은 여러 가지 의미에서 엄청난 사건이었다. 비유적으로 말하면, 결정적인 통찰력이 늘어남에 따라 지금껏 내가 쌓아온 많은 지식의 조각들이 일시에 뒤집어지고 있었던 것이다. 1년여에 걸친 연구를 통해 분류했던 모든 것들과 때로는 관계없어 보였던 내용들은 전혀 예상치 못했던 방식으로 융합되었고, 놀랍게도 지금껏 부여잡고 있던 세계관이 환상과 오류로 가득하다는 사실을 알게 되었다.

실재에 대한 새롭고도 예기치 못한 그림이 나를 사로잡았다. 그 그림은 모든 것을 포괄하고, 조리가 분명하며, 완벽하게 논리적이었지만 다른 한편으로는 비상식적이고, 기괴하고, 기이하고, 불가능해보이기도 했다. 거의 하룻밤 사이에 도달한 결론을 위해서 평생의 믿음을 저버리는 일은 어렵기 그지없는 일이었다. 그러나 나는 새롭고 드문 지식, 확실하고도 최종적인 그 지식에 도달했다는 사실을 알고 있었다. 그것은 마치 더 높은 수준의 자각에 도달하거나 불확실하고 혼란스러운 정신적 미로에서 빠져나온 것과도 같았다. 나는 더 이상 해답에 매달리지 않아도 됐다. 이미 해답을 얻었으므로.

돌아보면 허위의 베일을 꿰뚫은 그 경험은 살아오며 느꼈던 그 어떤 느낌과도 다른 심오하고 두려운 흥분이었고, 이전까지 너무나 당연하게 여겼던 모든 것들은 다시 평가하고 다른 관점으로 봐야 했다. 학습 과정을 거치며 익혔던 과학적 '사실들'도 예외는 아니었다. 나의 최종 결론에는 인식적, 정서적 반전이 줄줄이 들어차 있었기 때문에 결과를 절대로 미리 예상할 수가 없었다. 그 여정의 여러 고비에서 나는 어떤 것이 궁극적으로 옳다고 '확신'했다. 하지만 최후의 해답 앞에서는 모든 것들을 다시 생각해야만 했다. 거기에는 나를 기다리고 있던 평화와 충만의 영원한 성역이 있었다. 그곳은 철학적 의심과 불확실성으로부터 자유로운 땅이었다.

실재에 대한 우리의 여러 가지 상식적인 개념들을 근본적으로 다시 생각하게 만드는 내 발견의 오묘한 특성을 감안하면, 내가 경험한 충격과 놀라움은 아마도 양자론 초기에 베르너 하이젠베르크가 느꼈던 소회[4]에 견줄 수 있을 것이다. 자연이 실험 결과에서 나타난 것처럼 정말로 불합리한가에 대해 생각하고 또 생각하면서 그는 고독한 행보를 계속해야 했다고 회상했다. 그를 비롯한 물리학자들은 새로운 원자 실험 결과를 받아들이면서 지독한 어려움을 겪었던 것이다.

이 책의 목적 가운데 하나는 여러 해 전에 내가 겪었던 독특하고 예리한 경험을 전달하는 것이다. 누구나 나와 비슷한 경험을 할 수 있다. 그리고 나는 내 탐구의 핵심을 여러분과 나누고 싶다. 이미 자신만의 탐구 영역 한가운데 있는 사람이라면 나의 주장에 관심을 가질 것이다. (구글이 전대미문의 성공을 거두고 있는 걸 보면, 모든 이들이 뭔가를 찾고 있는 듯싶다.) 또 그런 경험에 대해 전혀 모르는 분들이라도 그 여정에 동참할 수 있을 것이다. 과학자들은 그런 경험에 대해 전혀 모르는 부류에 속하는 경향이 있다. 그들은 보통 자연의 이치에 대한 자신의 선입견에 들어맞지 않는 내용은 하찮고 사소한(MIT에서 자주 들을 수 있는 단어다.) 것으로 치부한다. 나는 과학(유물론)이야말로 실재에 도달하는 유일한 길이며 지식을 얻기 위한 다른 방법은 부적절하다는 편협한 이들의 주장 앞에 놀라움을 금할 수가 없다.

이 책의 두 번째 목적은 경험에서 나온 자연과 실재에 대한 다양한 연구 성과들에 대해 논하는 것이다. 이는 첫 번째 목적 못지않게 중요하다. 마음을 통해 심오한 진리를 확인한다는 개념은 실없는 소리로 들릴 수도 있다. 그러나 경험에는 이런 종류의 지식을 가능케 만드는 혁명적인 특성이 있다. 인간의 마음에는 근본적인 실재를 이해할 수 있는 능력이 있다. 나는 우리가 소유할 수도 있고 소유하지 못할 수도 있는 이런 종류의 지식에 대한 의문점을 탐구하면서 우리가 가진 가장 심오한 통찰력들 가운데 많은 부분이 수학이나 측정이나 실험이 아닌 우리네 경험의 소산이라는 사실에 대해 논하려 한다. 물론 아인슈타인이나 막스 플랑크, 에르빈 슈뢰딩거처럼 마음의 탁월함을 믿었던 저명한 사상가들에 대해서도 알아볼 요량이다.

허나 단순히 과학적인 방법과 그 한계점에 대해 비평하려는 것은 아니다. 나는 과학에 해답을 촉구하고 그 근원 저 너머에까지 닿고자 한다. 300년도 더 넘은 과거로 돌아가서 현대에 이미 정설로 굳어져 있는 법칙들에 의문을 제기하는 일은 이단적으로 비춰질 수도 있다. 그러나 나는 현대 과학의 기틀이 부분적으로 잘못된 기초 위에 세워졌다는 점을 아주 엄숙하게 지적할 것이다. 여러 세대의 학생들이 주입식으로 받아들인 개념들에 도전장을 내미는 행위는 주제넘은 일일 수도 있다. 하지만 과학자들이 자연에 대해 여러 가지 그릇된 억측을 내놓았고, 그로 인해 물리학의 법칙에도 비현실적인 내용이 가득하다는 점에 대한 나의 견해는 확고하다. 양자론의 성공은 우리에게 여러 가지 쓸모 있는 발견을 가능케 해주었지만 그렇다고 양자론을 통해 자연을 실제로 이해할 수 있다는 뜻은 아니다.

많은 사람들이 과학자들이나 수학자들이 주장하는 유비쿼터스라는 개념을 별다른 의심 없이 받아들이고 있다. 유비쿼터스라는 개념에는 확률이 세상을 지배하며 자연의 무질서와 무작위성이 필연적으로 증가한다는 의미가 담겨 있다. 열역학 제2법칙은 모든 과학에서뿐만 아니라 심지어 대중문화에서도 상당 부분 통용될 수 있다. 그러나 나는 수학을 바탕으로 한 추상적 개념, 즉 과학자들이 '무질서'라고 일컫는 상태가 그들의 상상 속에 존재하는 허구라고 단언한다. 좀 더 정확히 말하면, '무질서'라는 개념 속에는 0이라는 상수값이 포함된다는 것이다. 이 책은 우리의 생각에 깊숙이 배어 있는 개념들을 다루고 있기 때문에 (그런 개념들 가운데에는 지식이 없는 상태에서 우리의 생각 속에 자리를 잡은 개념도 있다.) 진정한 기원을 알기 위해 그런 개념들을 해체하려면 특별한 노력이 필요하다.

『데카르트의 꿈: 수학으로 만든 세계 *Descartes' Dream: The World According to Mathematics*』에서 필립 데이비스와 루벤 허시는, "세계를 확률론적으로 본다는 것은 무작위성이나 우연성이나 개연성을 세계의 현실적이고, 객관적이고 근본적인 측면으로 인정하는 관점을 받아들인다는 것을 의미한다."[5]고 기술했다. 그러나 데이비스와 허시의 주장과는 달리 무작위성과 우연성과 개연성은 실재가 아니라는 사실이 밝혀졌다. 나는 과학자들이 비과학적인 정의를 바탕으로 자연에 대해 내리는 지극히 불확실한 추정을 분명하게 지적할 것이다. 그들의 근본적인 출발점은 논리적이고 조리가 있을지는 모르지만 결코 '객관적'이라고 할 수는 없다. 과학자들이 주장하는 세계가 증거보다는 가정에 기초한다는 사실을 보여줌으로써 객관적인 상황을 만들고 나면 과학자들이 자신들이 세운 법칙을 얼마나 잘 추종하고 있는지를 보다 공정하게 판단할 수 있게 될 것이다. 그리고 우리는 아이러니하게도 '자연'과학 중에서도 '가장 자연적인' 과학의 중심에 다름 아닌 형이상학적 정수가 자리하고 있다는 사실을 알게 될 것이다.

우리는 물리학자들과 수학자들의 다양한 주장에 대해서뿐만 아니라 다윈의 이론과 진화생물학자들의 견해에 대해서도 이의를 제기해야 한다. 리처드 도킨스와 제러드 다이아몬드 같은 다윈주의 옹호론자들의 견해에 동조하는 사람이라면 우주의 형성 과정에서 발생한 다행스러운 우연과 지구상에서 일어난 있음직하지도 않은 진화론적 사건들 덕분에 우리가 존재한다는 개념을 아주 편안하게 받아들일 것이다. 이런 사람들의 믿음에는 우연, 우발, 뜻밖의 발견, 확률, 천운 같은 과학의 구성요소들이 자리 잡고 있다. 그러나 나는 이런 요소들이 실재와 아무런 관련이 없다고 강력히 주장한다.

『진화란 무엇인가 *What Evolution Is*』에서 에른스트 마이어는 이렇게 말했다. "진화에는 실제로 무작위적인(우연적인) 요소가 엄청나게 많다."[6] 그는 또한 진화의 첫 번째 선택과정에서 "우연성이 가장 중요한 요소로 작용한다."고 말했다. 마이어와 뜻을 같이하는 사람들에게는 불행스럽겠지만 (아마도 우리들은 아니겠지만), 이런 진화론적 관점은 틀렸다. 우리는 변화와 변화에 따른 모든 일들이 우연이 아닌 계획에 의해 일어난다는 사실을 확실히 알 수 있다.

독자 여러분이 어떤 견해를 갖고 있든 간에, 나는 여러분에게 다시 생각할 기회를 주려 한다. 소위, '일반적인 통념'의 상당 부분은 여러분이 들어가려는 기이하고 오묘하고 예기치 못한 세계에서 고개를 숙일 것이다. 내가 반대 의견에 대해 방어적인 자세를 취한다 해서 전통적인 견해에 대해 전면적으로 이의를 제기하려는 것은 아니다. 내 견해가 혁명적일 수도 있지만, 나는 혁명을 내켜하지는 않는다. 나는 누구도 불쾌하게 만들고 싶지는 않다. 그저 결론이 어디로 흐르든 세계를 있는 그대로 이해하는 일에 관심이 있을 뿐이다. 만약 자연과 물리학의 법칙들이 서로 무관하다는 사실이 밝혀진다면 모순을 밝혀내고 만천하에 공개해야 한다. 만약 다윈주의자들이 우리를 그릇된 길로 인도한다는 사실이 자명하다면, 그들도 진실을 알고자 노력해야 한다고 생각한다. 결국 자연에 대해 우리가 이해하는 내용의 상당 부분은 근본적으로 수정해야 하며, 미친 소리처럼 들리는 주장이라도 진지하게 생각해볼 필요가 있다.

여러분은 물론 다양한 문제점들에 대해 내가 제안하는 근본적인 해결책을 썩 반기지 않을 것이다. 하지만 나는 물리학과 진화생물학에 숨어 있는 믿음과 억측 등을 다루는 나의 주장 가운데 많은 부분이 논쟁의 여지가 없다는 사실을 여러분들이 알게 되리라 생각한다. 나는 합리주의적 세계관의 토대를 이루는 근본적인 문제들을 검토하고, 당연한 것으로 고착된 개념들의 상당 부분이 은하들 사이의 공간만큼이나 견고하게 뿌리를 내리고 있다는 사실을 지적하고자 한다. 과학자들은 나름의 확신을 가지고 있을지도 모른다. 그리고 그들이 자연의 가장 깊은 비밀을 연구하는 공평하고 공명정대한 관찰자들이라고 믿는 이들도 많다. (이는 어느 정도 맞는 말이기도 하다.) 그러나 그들의 이론적 모델은 시작부터 비뚤어져 있었다. (이론적 모델이 틀렸다는 말과는 전혀 다른 뜻이다. 비뚤어졌다는 말과 틀렸다는 말이 꼭 같지는 않다.)

과학자들은 대개 자신들이 가진 세계관이 실험적 결과가 아닌 가정과 추측을 기초로 한다는 사실을 까맣게 모르고 있다. 대체로 과학자들은 중립적이고 편견이 없는 태도로 자연에 접근하지 않고 자신들의 견해에 완벽하게 색깔을 입히는 무조건적인 가정에서 자연에 접근한다. 은유적으로 말하면, 과학자들은 실험에 임하기 전에 우연성이라는 색안경을 끼고 자연에 접근한다. 이 안경은 과학자가 보는 세계의 색깔을 결정하지만 과학자들은 자신이 색안경을 끼고 있다는 사실을 인식하지 못한다. 우리는 자연의 특성을 규정할 때 과학자들이 주장하는 '객관성'이라는 개념이 때로는 허위라는 사실을 알게 될 것이다. 이는 고전물리학에서도 마찬가지다. 잘 알려진 바와 같이, 양자역학은 이미 원자 수준에서 객관성이라는 개념에 대해 진지하게 의문을 제기한다.

MIT에서 4년을 보내는 동안 나와 친구들은 과학적 세계관의 기초를 이루는 기본적인 법칙들에 대해 몇 번이나 고민했다. 교수조차 대부분 자신이 가진 선입견에 대해 잘 알고 있지는 않았을 것이다. 왜냐하면 이런 선입견들은 전통적이고 암묵적인 견해의 일부분이기 때문이다. 그런 선입견이 아주 공정하다는 인식은 지극히 당연한 것으로 받아들여졌고 수세기 전에 확립된 가정들은 검증되지 않고 무지의 상태로 남아 있었다.

과학적 선입견들의 일부는 분명히 서구적인 성격을 띠고 있기는 하지만 그 기원을 찾아 고대 그리스까지 거슬러 올라가야 할지는 의문이다. 가령, 그리스 신화에는 공허와 혼돈의 여신 카오스Chaos가 등장하지만 자존심이 높은 도교 신봉자라면 이런 개념을 인정하지 않을 것이다. 그리스의 철학자 데모크리토스는 오늘날까지도 변치 않고 통용되는 우연성과 필연성의 상호작용을 소개한 사람으로 알려져 있다. 또 아리스토텔레스는 포텐티아*에 대해 논했다. 그리고 그의 주장은 지금도 논쟁이 계속되고 있는 가능성과 실재라는 주제에 화두를 던졌다.

일부 과학자들의 주장에도 불구하고 과학적인 방법은 자연에 대한 포괄적인 이해를 전제로 해야 하는 여러 가지 근본적인 문제를 다루기에 역부족이다. 나는 여러분이 이 책을 읽으면서 과학자들의 세계관에서 '사실'로 통하는 많고 많은 개념들이 불안정하고 확립할 수도 없는 개념들이라는 사실을 인식할 수 있기를 기대한다.

최근 물리학계에서 일어나고 있는 진보적 양상을 감안하면, 닐스 보어의 주장에 동조하는 물리학자들도 내가 말하고 있는 일종의 '광기'에 대해서 예상하고 있어야 하지 않나 싶다. 사망 직전인 1962년, 보어는 새로운 이론에 대해 다음과 같이 말

---

* **포텐티아potentia** | 라틴어로 능력, 영어로는 potential이라 하여 잠재력을 뜻함.

했다고 한다. (굵은 글씨는 그가 강조한 부분)

우리는 이 이론이 무분별하다는 데에 모두 동의하는 듯하다. 문제는 이론에 그 정도로 큰 결함이 있느냐는 것이다. 내 사견으로는 **심할 정도로 무분별하지는 않다.**[7]

과학의 역사에 익숙한 사람이라면 누구나 알 수 있듯이 이 말에는 우스꽝스러운 부분이 적지 않다. 나로서는 '그 정도로 큰 결함이 있다.'는 주장이 옳다는 사실을 증명함과 동시에 누구나 공감할 수 있는 지극히 명쾌한 해답을 내놓아야 한다. 자연에게 우리가 받아들일 수 있는 법칙을 제시해야 될 의무가 있는 것은 아니지만, 나는 여러분이 내가 제시하는 세계관에 동의하게 되리라 생각한다. 대자연은 온전히 합리적이고 지극히 일관된 존재로 볼 수 있다. 내가 그리는 그림을 좋아하지 않는 사람도 있을 수 있다. 그러나 나의 주장이 비논리적이거나 불합리하다고 말할 수는 없을 것이다.

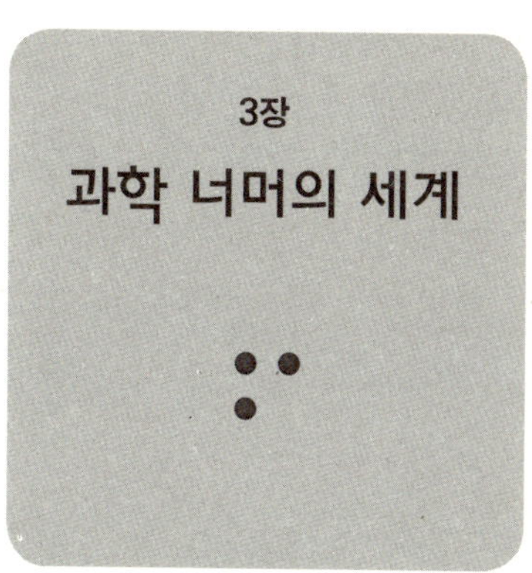

3장
과학 너머의 세계

갑작스레 우연히 발견한 보물. 그 보물은 인간의 지식 전체에 새로운

지식을 덧붙이듯 하나씩 천천히 축적된 학문이라는 보물과는 다른

보물이다. 이제는 학문의 짐을 내려놓자.

그 짐은 방해가 될 뿐이다. 여정을 위해 아무것도 준비하지 말자. 가벼운

발걸음을 옮기자.[8]

— 노먼 O. 브라운, 『사랑의 본체 *Love's Body*』 중에서

내가 경험한 정신적 항해는 '초월', '의식의 최고조' 같이 다양한 말로 설명할 수 있다. 어떤 상황에서는 이런 말이 적당할 수도 있다. 하지만 나는 이 두렵고도 미묘한 주제를 가능한 선입견으로부터 자유로운 말로 표현하고 싶다. 앞에서 예로 든 말에도 나름의 가치가 있다. 하지만 그런 표현에는 보통 현혹적이고 부당하고 부정적인 의미가 들어 있다. 예를 들어, 동양 철학에서는 이른바, '궁극적 실재'에 대한 깨달음을 상징하는 의미로 '초월'이라는 말을 사용하며 여기에는 비합리적이고 비논리적인 오해가 끼어드는 경우가 종종 있다. 이런 경험과 그 경험에서 얻어지는 통찰력은 이성적 연구와 언어적 의사소통 너머의 영역에 속한다고들 한다. 이런 현상에 대해 말로나마 표현을 할 수는 있겠지만 그 본질을 분석적인 연구로 밝혀낼 수는 없을 듯하다.

　이 주제에 대한 전형적인 문헌들 즉, 그럴듯한 난센스와 명백한 모순이 가득한 문헌들을 보면 이성과 논리를 숭상하는 이들이 (나를 포함해서) 그러한 인식 방식을 멀리하고자 하는 이유를 쉽게 알 수 있다. 결국, 자연이 합리적인 법칙의 지배를 받는다는 사실을 본능적으로 느끼는 사람이라면 비논리적인 접근법을 멀리할 수 있고, 또 그래야만 할 것이다. 한층 더 높은 의식을 가지고 상황을 적절히 인식한다면 비논리적이고 비합리적이고 반과학적이고 비이성적인 판단을 피할 수 있으리라는 점을 미리부터 언급해둔다. 우리가 알고자 하는 지식은 측량과 이성과 실험으로 얻을 수 있는 지식 너머에 있다. 그 지식은 과학적 방법 너머에 있는 지식이다.

　이러한 설명을 통해서도 '초월'을 이해하기가 어렵다면 다른 방법을 찾아야 할지도 모른다. 아인슈타인이나 스티븐 호킹 같은 사상가들은 '신의 마음'을 헤아리는 데 많은 노력을 기울였다. 이는 확실히 유용한 방법이다. 아인슈타인은 '신이 어떻게 세계를 창조했는지'[9]를 알고 싶어했다. 또한 호킹은 '인간 이성의 궁극적인 승리'는 '신의 마음을 아는 것'[10]이라고 말했다. 그러나 신의 의미는 사람에 따라 다를 수 있다. 아인슈타인과 호킹은 신을 우주의 질서와 조화를 나타내는 말로 이해했을 수도 있다. 그런가 하면 인간을 염려하는 자비로운 존재, 기도와 헌신을 통해 만날 수 있는 존재, 인간의 일상에 적극적으로 개입하는 존재로 신을 이해하는 이들도 있다. (스티븐 와인버그는 이런 의미의 신을 완강히 부인했던 것 같다. 알다시피, 이 책에서는 이처럼 초자연적인 의미의 신에 대해서 다루지 않는다.)

'신'의 의미에 대해서는 합의가 이루어지지 않고 있으므로 여기에서는 '의식의 금광gold mine of consciousness'이라는 말로 신의 의미를 정의하도록 하자. 이 말에는 고결하고 눈부신 보물이라는 의미와 마음의 적극적인 작용이라는 의미가 함께 들어 있다. 게다가 이 말은 '신'이라는 단어와 달리, 공인되지 않은 철학적 인습에 얽매일 가능성이 적다. 자연과 실재에 대해 깊은 통찰력을 얻을 수 있는 의식 상태라는 개념에는 비합리적인 요소가 전혀 없다. (『우리는 어떻게 믿는가: 과학시대의 신을 찾아서 *How We Believe: The Search for God in an Age of Science*』에서 마이클 셔머가 주장한 것[11]처럼 '영적' · '종교적' · '신비주의적' 경험을 측두엽 간질을 비롯한 뇌의 생리학적 병변이나 난센스와 동일시하는 이가 있다면, 그런 견해는 잠시 내려놓기 바란다. 우리의 여정에는 선입견을 그리 많이 지참하지 않아도 된다. 선입견은 방해가 될 뿐이다. 원한다면 나중에라도 원래의 자리로 언제든 돌아갈 수 있다.) 결국 '의식의 금광'은 특정한 문화나 역사적 기간에 국한되지 않으며 뚜렷한 철학적, 종교적 전통을 의미하지도 않는다. 뒤에서 나는 신에 대한 의문이 궁극적으로는 신념과 이성 또는 믿음과 부정의 대립이 아니라 지식과 무지의 대립에서 나오는 개념 가운데 하나라는 사실을 언급할 것이다. 하지만 이를 논할 때는 신에 대한 개념을 불가결한 전제 조건으로 깔고 시작하지 않는 편이 좋다고 생각한다.

'초월'이나 '의식의 금광' 같은 용어가 등장하는 나의 이야기가 이제 어디로 흐를지에 대해 의아해하는 이들도 있으리라 생각한다. 흔히 '오컬트occult'라는 장르에 속하는 책에서는 신비로운 주문의 신빙성을 주장하기 위해 소중한 합리성과 논리를 초개와 같이 버리곤 한다. 그렇다면 우리도 그래야만 할까? 걱정할 필요 없다. 나는 초감각적 지각력이나 영매, UFO, 공중부양, 피라미드, 요술구슬, 점성술 같은 주제를 다루는 데에는 소질이 영 없다. 그렇다면 광신도들의 둔하고 터무니없는 얘기나, 혹은 그보다 더한 헛소리들에 대한 해답을 이 책에서 제시하려는 것일까? 정당한 회의론이 널려 있는 전통적 과학 풍토 속에서, 나는 여러분이 이 시점에서 의구심을 가질 수 있다는 사실에 공감한다. 사실 나는 여러분의 머뭇거림을 진심으로 존중한다. 그러나 미리부터 속단하는 우를 범하는 일이 없기를 바란다. (내 주장을 반박할 증거를 찾아 제시할 수 있는 이가 있다면 쌍수를 들어 환영한다. 하지만 그런 증거를 내밀 수 있는 이는 없으리라 생각한다.)

나는 논리, 합리, 가설 설정, 실험 같은 과학적 방법을 매우 존중하며 여러분이 비판적 관점을 끝까지 유지하기를 바란다. 그러나 내가 제시하는 주제에 대해 익숙하지 않다고 해서 그 의미를 폄하하는 일은 없길 바란다. 철학자이자 논리학자인 앨프

레드 줄스 에어는, "우리는 선험명제*를 단정적으로 주장하기 어렵고, 우리 스스로가 참이라고 믿고 있는 명제들 외에는 참 명제를 발견할 길이 없다."[12]고 말했다. 내가 제시하는 방법은 여러분이 잘 모르기 때문에 놀랍게 느껴질 수도 있고 내가 내리는 결론이 특별하게 느껴질 수도 있지만, 그렇다고 내 주장의 의미가 약해지는 것은 절대 아니다.

여러분 가운데는 '의식의 금광'이라는 말에서 우주와의 일치감을 동반한 더없이 행복하고 초월적인 상태를 떠올리는 이들도 있을 것이다. 우리 모두는 하늘거리는 긴 예복을 입은 현자賢者가 지혜로운 모습으로 다가와 우리에게 내면의 평화와 영원한 행복을 약속해주는 장면에 익숙하다. 복음 전도자들은 우리 안에 '하나님의 왕국'이 있다고 설교한다. 우리 주위에서 일어나는 풍성한 영적 활동들을 보면, 구원 시장은 지금도 성장하고 있는 주요한 산업임이 분명하다. 우리를 구원해줄 사람들 가운데 선의가 없는 이들도 있을지 모르지만 이런 현상에는 분명한 이유가 있다. 이 책에서 다루는 주제는 전혀 새로운 주제가 아니며 여러 문화와 배경을 가진 수많은 사상가들이 오래전부터 탐구해온 영역에 속해 있다. 고대 인도의 철학서 『우파니샤

---

* **선험명제a priori** | '경험'과 무관하게 참 거짓을 가릴 수 있는 명제, 즉 경험에 앞선 명제를 가리킨다. 이에 반해 후험명제(a posteriori)는 경험에 근거해서만 알 수 있는 것이다.

드』나 중국 도교의 『도덕경』, 『성경』 같이 유구한 역사를 자랑하는 문헌이나 리처드 M. 버크, 앨런 와츠, 진 휴스턴, 프리초프 카프라, 존 화이트, 찰스 타트 같이 통찰력 있는 저자들이 펴낸 비교적 현대적인 문헌들은 모두 우리가 논하고자 하는 내용과 깊은 관련이 있다.

다양한 문헌에는 저마다 큰 가치가 있지만 그 가치에 머무르지 말고 쉼 없이 탐구를 이어나가는 편이 좋다고 나는 생각한다. 그러나 다른 사람들의 말을 앵무새처럼 따라 하고 싶지는 않다. 행복감이나 우주의 조화에 대해 묘사하는 말은 수도 없이 많지만 나는 그런 말들을 쓸 필요성을 못 느낀다. 내가 말하는 '의식의 금광'을 다른 말로 표현하고 있는 많은 사람들은 내가 가리키는 특정 상태를 '말로 표현할 수 없는', '지성으로는 인지할 수 없는' 상태라고 설명하곤 한다. 그들은 본론으로 들어가기도 전에 그들이 말할 내용에 대해 지적인 담론이 불가능하다고 말한다. 이들은 지적인 논의에 대한 모든 시도를 차단하는 의미에서 '비합리적인', '비논리적인' 같은 말을 자주 사용한다. (그러니 과학자들이 이런 주제를 다룰 때 어려움을 겪는 것도 이상할 게 없다.)

더 높은 의식 상태에 대한 일반적인 연구 내용을 바탕으로 이 주제를 논한다면 논점을 고찰하는 데 훨씬 더 많은 시간이 들 것이다. 어떤 문헌들은 너무도 애매해서 그 내용에 동의할 수 있는 사람이 거의 없을 지경이다. 그런가 하면 내 주장과

정반대의 의견, 특히 어떤 경험을 어떤 식으로 이해할지에 대한 부분에서 나와 정반대 의견을 피력해놓은 문헌들도 있다. 그러므로 우리는 다른 이들이 이미 언급해놓은 방법들과는 어느 정도 차별화된 접근법을 활용해야 한다. 그런 점에서 볼 때, 나는 신화적인 관점이 유용하다고 생각한다.

그럼 두 가지 관점에서 '금광'에 대해 살펴보자. 첫 번째 관점은 '금광'을 경험하는 사람의 심리학적 변화 과정과 관계가 있고, 두 번째 관점은 '금광' 안에서 경험자가 발견하는 내용에 초점이 맞춰져 있다. 이 탐구여행의 핵심적인 특징을 알아내는 데에는 영웅의 신화적인 여정이 유용한 역할을 한다. '금광'으로 향하는 길이 아주 다양하다는 점에서 볼 때, 영웅의 원형原型은 가장 어려운 시련을 깨닫게 해주는 중요한 단서를 제공한다.

여정의 3요소는 영웅, 극복해야 할 장애물(용이라는 상징으로 자주 등장함.), 보물이다. 이 세 가지는 서로 무관해보이는 무수한 신화의 핵심 요소이다. 조셉 캠벨과 미르체아 엘리아데 같은 이들은 역사에 나타난 영웅신화의 기저에 흐르는 공통적인 주제를 찾아내는 데 큰 공헌을 했다. 이들의 업적은 그 상징 뒤에 있는 중요한 의미를 더 깊이 탐구하는 데 도움이 된다.

가장 단순한 형태의 영웅신화는 특별한 능력을 가진 영웅이 매우 어려운 역경을 헤치고 장애물을 극복하면서 큰 보물을 획득하는 이야기로 구성되어 있다. 이아손이나 헤라클레스, 페르세우스, 오디세우스 같은 신화 속 영웅들은 고대 그리스 영웅의 전형으로 유명하다. 스핑크스를 물리치고 자신의 어머니를 왕비로 맞이한 오이디푸스는 가장 추앙받는 신화 속 영웅 가운데 한 사람이다. 오이디푸스 신화에서는 스핑크스가 원형적인 장애물(용)이고 여왕은 보물을 의미한다. (물론 처음에는 오이디푸스도 자신이 어머니와 결혼했다는 사실을 모른다. 하지만 이는 모든 문제의 원인이 된다. 이런 비극을 누군가 그에게 말해줬을까? 여담이지만 프로이트의 중요한 '발견' 가운데 하나는 그가 오이디푸스의 전설에 대해 모르고 있던 상태에서 근친상간-부친살해 이론을 체계화했다는 점이다. 이에 대해서는 그가 쓴 편지에 나와 있다. 과학자와 일반인을 통틀어 우리들 대다수와 마찬가지로, 그는 깨달음이 아니라 확증을 찾는 과정에서 이러한 증거에 다가갔고 결국에는 찾고 있던 증거를 찾아냈다. 프로이트가 체계적으로 정리한 오이디푸스 콤플렉스에 대해서는 『금광 속의 기묘한 풍경 *Weird Scenes Inside the Gold Mine*』이라는 내 다른 저서에 자세히 설명해두었다.)

용은 표면적으로는 아주 다양한 모습으로 나타날 수 있지만 중요한 것은 심리적 초월과 자유를 얻기 위해 극복해야 할 심리적 장애물을 상징한다는 점이다. 신화 속에서 물리적인 존재는 정신적인 상태를 상징한다. 장애물은 그릇된 유혹이나 괴물, 막다른 골목, 환상 따위로 나타난다. 영웅은 용을 죽임으로써 돌파구를 찾고 보물을 얻는다. 보물의 형태는 처녀나 금, 다이아몬드, 권세와 영광, 생명수, 영생 등으로 다양하다.

　　두 번째 관점에서는 '금광'의 기묘한 내용에 초점을 맞춘다. 영웅의 신화적인 여정을 은유로 보면 그 종착지는 다른 무엇에 비할 수 없을 정도로 중요하다. 신화에서 나타나는 종착지는 더 높은 의식 상태와 심리학적 성취 상태라고 할 수 있다. 이는 실재의 본질에 대한 값진 통찰력을 뜻한다. 이 종착지에서는 과거, 현재, 미래의 관계와 같은 심오한 신비가 드러나고 해소된다. 게다가 우리는 창조자나 설계자로 인해 우리가 존재한다는 사실과, 그가 설계한 모습대로 세계가 존재한다는 사실을 깨닫게 된다. 그리고 세상만사가 우연히 일어난다는 개념이 무지에서 비롯된 거짓 추정이라는 사실을 알게 된다.

　　이 깨달음의 순간에는 확실성과 지식이 추측과 가정을 밀어내고 전에 없던 이해의 수준에 도달한다. 겉으로 보이는 모습과 달리 그 경험에는 계몽적인 면이 아주 많다. 이런 문제에 대해 관심이 있는 사람이라면 이제 막 시작한 우리의 여정에서 무언가를 얻고 돌아갈 것이다. '금광'에 도달할 때 얻어지는 지식에 대해 더 많이 생각할수록 그 경험을 자신의 것으로 만들기도 더욱 쉽다.

　　앞서 언급한 '설계'라는 말의 의미를 눈치챈 이도 있을 것이다. 만약 이런 개념을 지금 잠시만이라도 받아들인다면 각자의 관점에 따라 그 설계자를 지적인 존재나 우둔한 존재로 지칭해도 좋다. 물론 다른 수식어도 좋다. 스티븐 제이 굴드는 '분별력 있는 신이라면 이상한 배열과 괴상한 해결책을 제시하지는 않았을 것'[13]이라고 말했다. 셔머는, "시각은 고유한 경로를 통해 열두 번의 개별적인 진화과정을 거쳤다. 이것만 봐도 한 가지 계획만 가진 신은 없다는 사실을 알 수 있다."[14]고 말했다. 이는 무신론자들이 주장하는 내용의 핵심이다. 하지만 '분별력 있는'이라는 굴드의 표현에 신이 얽매여야 한다고 말할 수 있을까? 굴드와 셔머는 신이라는 설계자가 있다면 완벽한 (또는 최소한 지적인) 공학자여야 한다는 이상을 가지고 있다. 그들은 테이프와 접착제로 얼기설기 얽혀 있는 것처럼 보이는 생명의 어떤 모습을 보고 신이 존재하지 않는다고 주장한다. 그들은 지적인 설계자라면 그토록 어리석고, 둔하고, 모자라지는 않으리라 말한다. 그들은 자연에서 나타나는 '오류'를 자연선택설의 증거라고 생각한다. 이런 생각은 완벽하게 논리적이지만 실재와는 상관이 없다. 만약 신이 우리의 인지력을 빈약하고 불충분하게 만들기로 계획했다면 어떨까? 만약 신이 실제로 시각 경로를 여러 개로 만들기로 했다면 어떨까? 이런 문제들에 대해서는 뒤에서 좀 더 자세히 다룬다.

4장

자유의지 문제에 대한 해결책

나는 자유의지가 존재하는 것처럼 행동하도록 강요받는다. 왜냐하면 문명화된 사회에서 살아가려면 책임감 있는 사람처럼 행동해야 하기 때문이다.[15]

— 아인슈타인

인간이 미래에 영향을 미칠 수 없는 세계에 살고 있다고 잠시 상상해보자. 그곳은 아무리 순간적이고 아무리 사소한 결정이나 결과라도 미리부터 이미 정해져 있는 세계다. 그 세계에서는 미래의 역사도 이미 기록되어 있다. 그런 세계는 두렵고 불쾌할 것이며, 과거의 영광에 대한 책임도 없을 뿐만 아니라, 칭송받는 업적들을 우리가 완수했다는 주장도 할 수가 없다. 팝계의 전설, 프랭크 시내트라가 부른 '마이웨이My Way'의 노랫말처럼 '내 방식대로 했다 did it my way'는 말도 전혀 새로운 의미로 전달될 것이다. 그처럼 자유가 전혀 없다면 운명을 스스로 좌우할 수도 없고, 스스로를 우주의 주인(월가의 주식쟁이들이 자신들을 칭할 때 가장 좋아하는 말이다.)이라 부를 수도 없으며, 우리가 보기에 좋을 대로 세상을 만들어갈 수도 없을 테다. 그런 세계에서는 우리의 가장 소중한 소망들 가운데 하나인 온전한 자유의지란 허무한 공상일 따름이며, 인간이란 그저 정해진 대본대로 움직이는 꼭두각시, 근본도 없이 무대에 선 일개 배우에 불과할 것이다. 이런 세계는 상상도 할 수 없는 비참한 세계다. 그럼에도 불구하고, 나는 이것이 바로 우리가 늘 살아가고 있는 세계라고 주장하려 한다.

이런 주장은 너무 낯설어서 진지하게 받아들이기가 어려워보일 수도 있다. 앞에서 나는, '금광'을 경험하면 시간의 본질 즉, 과거, 현재, 미래의 관계에 대한 신비의 해답을 알 수 있다고 말했다. 우리 모두는 과거에 영향을 미칠 수 없는 시간대에 존재한다는 사실을 인정한다. 나는 여기에 근본적인 균형이 있으며, 자유의지 문제에 대한 해답을 다음과 같이 짧은 문장으로 요약할 수 있다고 주장한다.

우리는 미래에 영향을 미칠 수 없다.

이 짧은 문장은 여러분의 인생을 영원히 바꿔놓을 수도 있다. 이 문장 속에는 우리가 미래에 일어날 일에 전혀 영향을 미칠 수 없도록 설계된 세계에 살고 있다는 뜻이 들어 있다. 달리 말하면, 미래에 발생하는 결과는 발생하도록 미리부터 정해져 있다는 말이다.

이런 개념을 쉽게 받아들일 사람은 없다. 우리들은 대부분 스스로의 운명을 전적으로 지배하고 싶어한다. 우리는 우리가 원하는 온전한 자유가 있는 세상 속에서 '끝없는 가능성'에 대해 사유하고 싶어한다. 우리는 '당신의 운명을 스스로 결정하세요.'라는 주문 같은 말을 자주 듣는다. 특히 서구 사회에서는 더 그렇다. 날씨 같은 현상이나 룰렛 게임의 바퀴가 다음에 멈출 자리를 우리가 정할 수 없다는 사실을 우리는 알고 있으며 우연이나 행운이 예상치 못한 방향으로 우리를 이끌어주리라 생각한다. 그러면서도 우리는 세상이 우리의 영향력 안에 있다고 확신한다. (과학은 '자연에 대한 인간의 통제력'을 확장시키는 내용이 주를 이룬다.)

『다윈의 위험한 생각: 생명의 의미와 진화 *Darwin's Dangerous Idea: Evolution and the Meanings of Life*』에서 대니얼 C. 데닛은 자유의지 문제와 그 문제가 진화론에 미친 영향에 대해 논했다. 데닛은 앞에서 언급했던 앨프레드 줄스 에어가 주창한 현실주의 actualism(현실만이 실현 가능하다는 주의)라는 용어를 사용하면서 진화론을 '두려운 가설'이자 '낡고 불가능한 개념'이라 지칭하는 한편, 진화론을 퇴출시켜야 하는 합당한 이유를 제시했다. 데닛은 통제 안에서의 자유를 원했다. (데닛의 저서 가운데에는 『여지: 자유의지의 다양성 *Elbow Room: The Varieties of Free Will Worth Wanting*』도 있다.) 그는 이렇게 기술했다.

비록 증명할 수는 없을지 몰라도 나는 현실주의가 틀렸다고 가정할 준비가 돼 있다. (그리고 이는 결정론이나 자유의지론 문제와는 별개의 문제이다.) 증명을 포기하고 골프를 치러 갈 수밖에 없다손 치더라도 이에 대해서는 확신이 있다.[16]

나는 그러한 세계에 대한 그의 비관론이나 냉소주의에 동의하지는 않지만 그에게 차라리 골프채를 잡으라고 권하고 싶다. 현실만이 가능하다거나 우리에게 자유의지가 없다는 주장에 대해 데닛처럼 '증명을 포기하고 골프를 치러 간다.'는 식으로 반응하는 것은 전혀 이상한 일이 아니다. 이처럼 극도로 단순한 관점은 〈세렌디피티 *Serendipity*〉라는 로맨틱 코미디 영화에서도 볼 수 있다. 〈세렌디피티〉는 '우연히' 만난 두 남녀(존 쿠색, 케이트 베킨세일 주연)가 몇 년 후에 필연적, 운명적으로 마주치게 된다는 이야기이다. 영화 속에서 이브(몰리 섀넌)라는 등장인물은 우리가 진정으로 자유롭다면 왜 '아침에 침대에서 일어나야 하는지'를 묻는다. 이 대사는 데닛의 체념과 본질적으로 동일하다. 데닛의 입장에 대해서는 뒷장에서 좀 더 자세히 살펴보겠지만 인지철학적인 관점에서 보면 그의 수준과 태도와 입지는 놀랍도록 피상적이다. 자유의지가 없다고 해도 긍정적인 측면은 많을 것이다. 하지만 데닛은 그런 부분에 대해서는 생각해보지 않은 듯하다. 무엇보다도, 그는 통제 안에 머물고 싶어한다. 만약 이런 통제력이 사라진다면 그는 모든 것을 잃어버리게 된다고 믿을 것이다.

내가 제안하고 있는 자유의지 문제의 해답에 관한 단순성, 효율성, 간결성, 균형미, 포괄성, 그리고 명확성이라는 부분에 주목하기 바란다. (이런 요소들은 올바르고 유일한 해결책이 될 수도 있다.) 물론 이런 미학적 특성들은 해답을 옹호하는 요소가 아니라 덤으로 생기는 보너스이다. (내가 제시하는 해답은 정확하며 전통적인 과학적 관점의 '방어'가 필요 없을 뿐만 아니라 어색하거나 거북하거나 거칠지도 않다.)

우리는 과거에 영향을 미칠 수 없다.
우리는 미래에 영향을 미칠 수 없다.

이보다 더 단순할 수는 없다. 물론 이를 깨닫는 것은 또 다른 문제겠지만 말이다. (텍사스 홀덤 포커를 배우는 데는 10분이면 족하지만 마스터하는 데는 평생이 걸리는 이치와도 같다.)

이 명제를 보면 우리가 자유의지라 부르는 그것이 단순한 환상으로 느껴지기 때문에 세상이 그런 식으로 만들어졌을 리 없다고 생각하는 이들도 많을 것이다. 나도 여러분만큼이나 자유와 여지를 좋아한다. 하지만 스스로가 운명의 주인이라고 생각하고 싶어하는 모든 이들에게 슬픈 소식을 전할 수밖에 없음을 이해하기 바란다. 여러분은 지금 강력하고 압도적인 자아의 위축 현상을 목전에 두고 있다. 이 시점에서는, "우리 모두는 예전보다 훨씬 못하다."는 파이어사인 시어터의 말이 적절할 듯싶다. 자유의지 같은 것은 존재하지 않는다. 하지만 나는 우리에게 필요한 만큼의(여기서 필요한 만큼이란 0이다.) 자유의지가 있다고 주장하려 한다. 우리는 다만 자유의지를 원하는 만큼 가지지 못했을 뿐일지도 모른다.

막스 보른은 아인슈타인에게 쓴 편지에서 자유의지가 없는 세상은 '매우 혐오스러운 곳'이며 (온당치 못하게도) 이런 생각이 인간의 도덕성을 훼손한다[17]고 생각했다. 로버트 M. 어그로스와 조지 N. 스탠시우는 『과학의 새로운 이야기: 마음과 우주 *The New Story of Science: Mind and the Universe*』에서 '자유의지를 부정하면 과학 전체를 불합리한 것으로 만드는 셈'[18]이라고 말했다. 나는 이 말의 요점을 알고 있다. 하지만 나는 그들이 자유의지의 부재가 진정으로 뜻하는 바가 무엇인지를 심각하게 오해하고 있다고 생각한다. 자유의지가 없다는 것은 인간의 의지와 반대로 조정당하거나 인간이 꼭두각시라는 뜻이 아니다. (대대적으로 발표하지는 않았지만, 아인슈타인은 자신이 자유의지를 믿지 않는다는 사실을 수차례 명백히 밝힌 바 있다. 또 한번은 인터뷰에서, "나는 결정론자입니다. 나는 자유의지를 믿지 않습니다."[19]라고 말한 적도 있다. 그는 또한 도덕성과 책임이라는 주제와 더불어 이 점에 대해 막스 보른, 헤드비크 보른과 여러 번 논쟁을 벌이기도 했다.) 통제를 할 수 없는 상태에는 여러 가지 유리한 점이 있으며 특히, 유감, 후회, 죄 같은 개념에 대해서는 더 그렇다. '상황이 달랐다면 어땠을까?'라는 의구심에 늘 싸여 있다면 번민과 불확실성 속에서 헤어날 수가 없다. 많은 이들이 '만약?'이라는 함정에 빠져 허덕이다 생을 마감한다.

'의식의 금광'이라는 경험에는 우리의 기억을 아주 특별한 방법으로 이용하는 한 가지 요소가 있다. 좀 더 정확히 말하면, 인간은 과거가 발생할 수 있었던 유일한 방식으로만 일어났다고 기억하며, 현실, 실재만이 유일한 가능성이라고 보는 현실주의라는 관념을 믿는다는 것이다. 데닛은, "실제로 일어나는 일 이외의 다른 일이 생길 수 있을까?"라는 의문을 던진다. 이 의문에 대한 대답은 분명히 '아니올시다.'이다. 우리는 어떤 일도 실제로 일어났던 방식과 다른 방식으로 발생할 수 없다는 사실을 깨달을 수 있다. 그 깨달음을 얻으면, '상황이 달랐다면 …….'이라는 가정도 모든 망상과 함께 현실 속으로 잦아들고 '일어났을지도 모르는 일들'에 대한 불확실성과 억측에 더 이상 시달리지 않아도 된다.

'집단 무의식collective unconscious' 또는 '우주심universal mind'을 의식적으로 탐구하면 과거가 다른 방식으로 발생할 수 없다는 충격적인 깨달음을 얻을 수 있다. 개인의 생애 저 너머까지로 확장되는 무의식에 대해서는 이미 풍부한 지식이 축적되어 있으며 그 가운데에는 과거와 관련이 있는 내용도 있다. 노먼 O. 브라운은 『사랑의 본체 *Love's Body*』에서 다음과 같이 유용한 관점을 제시했다.

무의식은 본질들로 가득한 마음속 내밀한 공간이 아니며, 꿈과 망령들로 가득한 플라톤의 동굴*도 아니다. 하지만 우리들은 대부분 플라톤의 동굴 속에 사는 죄수들처럼 생의 대부분을 동굴 속에서 보낸다.

대신 무의식은 우리를 불멸의 바다로 인도한다. 그 바다는 대양감**을 느끼는 순간에 우리에게 주어지는 암시의 세계다. 그곳은 에너지 혹은 본능으로 이루어진 바다로, 인종과 언어와 문화의 구별이 없고 아담의 세대와 과거와 현재와 미래와 계통발생론적 후손을 포함한 모든 세대의 인류를 포용한다. ……[20]

'금광'에 도달하려면 무의식의 유산을 탐구하고 이를 의식의 세계로 가져와야 하며, 그러기 위해서는 기억을 활용해야 한다. 물론 평범한 방법은 아니지만 기억을 활용해야 하는 것만은 분명하다. 과거가 다른 방식으로 발생할 수 없었다는 기억은 우리 스스로의 행위와 관련이 있을 뿐만 아니라 우주 전체에서 일어

---

* **플라톤의 동굴The Allegory of the Cave** | 플라톤은 세계에 대한 인식의 문제를 설명하기 위해 사지와 목이 결박되어 머리를 돌릴 수 없는 상태로 동굴 속에서 평생을 살고 있는 죄수들의 상황을 비유적으로 표현했다. 만약 죄수 가운데 하나가 결박을 풀고 그림자로만 어른거리던 세상을 향해 다가간다면 동굴 이외의 다른 세상을 처음 접하고 매우 큰 고통을 겪을 것이며 눈부심으로 인해 바깥세상을 제대로 볼 수도 없으리라는 것이 이 비유의 핵심이다.

** **대양감oceanic feeling** | 전체, 세계, 우주와 하나가 되는 깨달음의 상태에서 경험하는 느낌.

나는 다른 모든 현상과도 관련이 있다.

　현재에 속한 우리의 실질적인 상황은 직접적인 방법을 통해서든 우발적 사건이나 있음직하지 않은 사건, 놀라운 우연의 일치, 천문학적 확률, 뜻밖의 결과에 의해서든 발생하도록 되어 있었다. 현재는 절대로 피하거나 막을 수 없었다. 물리학자들과 진화생물학자들은 우리가 엄청나게 낮은 확률을 극복하고 살아 숨 쉬는 것이 대단한 행운이라고 한결같이 말하고 있지만 행운은 그 일과 전혀 관계가 없다. 그들이 계산하는 수학적 불가능성들은 실재를 본질적으로 오해하기 때문에 생겨나는 개념이다.

　과거와 현재와 미래에 대한 나의 관점은 일반적인 생각과 극명한 대조를 이룬다. 사람들은 대부분 세상만사가 전혀 다르게 전개되었을 수도 있다고 생각한다. 데닛은 스코틀랜드의 철학자 흄의 말을 인용하면서, '여지'란 '가능성을 지나치게 현실에만 한정시키지 못하게 막는 여유'[21]라고 정의했다. 데닛뿐만 아니라 사람들은 대개 우리가 통제받고 있다고 생각하고 느끼면서도 제한 없는 '대체 시나리오'대로 움직일 수 있을 정도로 충분한 여유를 가지고 싶어한다. '만약'이라는 말은 과거와 미래에 대한 우리의 사고방식에서 아주 중요한 역할을 한다. 물론 우리는 다르게 행동할 수도 있었다. 물론 우리는 다르게 일을 진행시킬 수 있는 힘을 가지고 있었다. 우리는 우리가 하지 않은 어떤 일을 할 수도 있었거나 우리가 행했던 어떤 일을 하지 않았을 수도 있었다고 생각한다. (불확실성은 이 두 가지 방향으로 모두 작용하며 모든 상황에서 적용된다.)

'일어났을 뻔했던 일'에 대한 상상이 우리의 생각에 어떤 영향을 미치는지에 대해서는 최신 서적이나 잡지만 봐도 알 수 있다. 우리 부모님이 서로 만나지 않았다면? 케네디 대통령이 댈러스에서 피격당하지 않았다면? 히틀러가 태어나지 않았다면? 메이저리거 빌 버크너가 1986년 월드시리즈 경기에서 다리 사이로 빠져나가는 땅볼을 잡아냈더라면? 허리케인 카트리나가 뉴올리언스를 강타하지 않았다면? 지구가 태양에서 조금만 더 멀었더라면?

재미있는 의문들이기는 하지만 그에 대한 대답은 대부분 공상적이며 현실과도 동떨어져 있다. 개인적인 상황에 대한 상상은 더 재미있게 느껴진다. 우리는 스스로 선택을 할 수 있기 때문에 과거에 무언가 다른 행동을 했다면 현재가 달라졌을 수도 있으리라 생각한다. 다른 대학에 진학했다면? 다른 직업을 선택했다면? 다른 사람과 결혼했다면? 로토에 당첨됐다면? 사고가 났던 비행기를 놓치지 않았다면? 누구나 이런 생각을 한 번쯤은 해본다. 우리가 현재를 바라보는 방식에는 모호한 면이 아주 많다. 인간의 뇌리에는 과거에 다르게 행동했다면 현재가 달라질 수 있었으리라는 생각이 깊이 박혀 있다.

이런 모호함은 우리가 통제할 수 없다고 생각하는 일들로까지 확장된다. 우리는 상황이 달랐다면 많은 사건들이 일어나지 않았을 수도 있다고 확신한다. 여러분은 바로 지금 이 순간이 책을 읽고 있다. 하지만 도킨스의 의견에 따르자면, 여러분은 지금 '천문학적 확률'과 '상상도 할 수 없는 행운'에 반하는 행동을 하고 있는 셈이다. 리처드 도킨스는 『무지개를 풀며: 과학, 환상, 그리고 경이로움을 향한 욕구 *Unweaving the Rainbow: Science, Delusion, and the Appetite for Wonder*』에서 이렇게 말했다.

복권 게임은 우리가 당첨에 대한 확신을 가지기 전에 시작된다. 우리들의 부모는 만나게 되어 있었다. 부모의 발생은 여러분의 발생만큼이나 기적적이었다. 부모 세대 위에는 양가를 합쳐 네 명의 조부모가 있고 그 윗세대에는 여덟 명의 증조부모가 있다. 그럼 거기에서 생각조차 하기 힘든 과거로 더 거슬러 올라가보자. 중세 시대 가장 비천한 어떤 농부가 있다. 그 농부는 어느 순간 아무 생각 없이 재채기를 한다. 그런데 그의 재채기는 무언가에 영향을 미쳤다. 그리고 재채기의 영향을 받은 무언가가 또 다른 무언가에 영향을 미친다. 그런 식으로 오랜 기간 연쇄반응이 일어난 후, 결과적으로 여러분의 조상이 되었을지도 모를 누군가가 조상이 되지 못하고 다른 사람이 여러분의 조상이 되었을 수도 있다. 우리의 존재 여부가 걸린 역사적 사건의 실타래는 얇디얇은 실로 이루어져 있다.[22] (이 인용부에 대해서는 뒤에서 좀 더 자세히 다룰 예정이니 잘 기억해두기 바란다.)

도킨스는 우리가 역사 속에서 현시점에 살아 있기는 하지만 우리가 존재하는 것이 확률적으로 아주 희박한 일이라고 말한다. 만물이 다른 식으로 존재할 수 있었으리라는 증거는 전혀 없다. 하지만 도킨스는 "내 주위에 존재했을 가능성이 있었지만 실제로는 존재하지 않는 사람들은 아라비아 사막의 모래알처럼 많다."고 확신한다. 철저히 이론적인 도킨스의 관점은 천문학자 칼 세이건이 창안했던 엉터리 탐지 장치만 써도 진위를 판단할 수 있는 내용이다. 하지만 그보다 먼저, '존재했을 가능성이 있었던' 사람들이 현실과 가설과 과학적 공상 속에 존재하는지를 스스로에게 물어보자.

변덕스런 '운명의 왜곡'이나 '인생의 우연'이 현재와 다른 상황을 만들었을지도 모른다고 생각한 굴드와 머리 겔만 같은 이들도 도킨스에게 동조했다. "만약 과거가 달랐다면 어떤 일들이 일어났을까?"라는 식의 우연성은 역사가들과 진화생물학자들이 좋아하는 연구 분야이며 이 분야에 대해서는 데닛이나 도킨스, 다이아몬드 같은 학자들이 일부 세부적인 내용을 연구해 왔다. 이 분야는 간혹 재미있기도 하고 매력적인 경우도 있긴 하지만 가정 자체에 오류가 있고 현실과는 전혀 상관이 없다는 문제점이 있다. 생명의 나무는 비현실적인 우회로를 돌아서 현재에 이르렀을 가능성이 없다. 오직 현실만이 존재할 가능성이 있는 것이다. 역사는 다른 식으로 이루어졌을 수가 없다. 현실주의로 인해 '다원주의자들의 주장이 조롱거리'가 되고 다원주의가 '힘을 잃어버릴 것'[23]이라는 데닛의 주장은 놀라울 것도 없다. 물론 이는 아주 진지하고도 명확한 비판이다. 이에 대해서는 8장에서 더 자세히 다룰 예정이다. 현실만이 유일하게 존재할 수 있으며 진화생물학자들이 비참한 결론에 도달하게 되리라는 점을 또박또박 언급했다는 점에서 데닛은 나와 같은 반다윈주의자임이 분명하다.

'매사를 다르게 처리했더라면' 또는 '과거가 달라질 수도 있었을 텐데.' 같은 생각에 수반되는 막대하고, 불안하고, 헤아릴 수 없는 불확실성은 내가 주장하는 미리 결정된 세계에 전혀 새로운 모습을 부여한다. 우리는 일어나지도 않은 과거를 상상하는 데 많은 시간을 할애한다. 그러나 우리는 어떤 일도 다른 방식으로는 발생할 수 없었다는 사실을 아주 분명히 알 수 있다. 이처럼 뜻깊고 놀랍기까지 한 깨달음은 인생의 많은 불안과 혼란을 없애준다.

한 통계에 의하면, 바꿀 수 없는 과거의 일에 대해 걱정하느라 우리가 허비하는 시간이 인생의 30%에 달한다고 한다. 사고방식을 조금만 바꿔도 이런 종류의 걱정은 날려버릴 수 있다. '잘 될 수도 있었는데.', '왜 그렇게 한 걸까.', '왜 그렇게 하지 않은 걸까.' 같은 생각에 시도 때도 없이 쫓길 필요는 없다. 이제 이런 관념적인 '가능성'은 완전히 지워버리자. 꼭 비참한 생각이 아니라도 우리를 계속 고뇌하게 만드는 마음속 공간의 본질들도 제자리를 찾아갈 수 있다. 그렇다고 해서 우리가 행하거나 행하지 않은 사실들이 사라지는 것은 아니다. 그렇지만 과거로부터 헤어나와 (특별한 종류에 속하는) 진정한 자유를 얻을 수는 있다. 마이크로소프트의 주식이 상장되었을 때 그 주식을 사놓지 않아서 아쉽기는 하지만 그렇다고 다른 무슨 뾰족한 수를 내지도 않았을 것이라고 나는 편하게 말할 수 있다. 지나가버린 버스 꽁무니에 대고 손을 흔들 필요는 없지 않은가?

신기하게도 기억은 우리에게 미래에 대한 지식도 알려준다. 미래를 예측하는 일이 과학의 핵심적인 목표이기는 하지만 앞으로 일어날 일을 우리가 미리부터 정확히 알 수는 없다. 그러나 미래의 모든 사건이 미리부터 결정되어 있고 변하지 않는다는 사실은 알 수 있다. 과거가 달라질 수 없다는 사실을 깨닫는다면 미래 또한 이미 정해져 있다는 논리적 결론에 도달할 수 있다. 이는 직관적으로 볼 때 분명한 사실일 수밖에 없다. 이렇게 생각해보자. 과거의 사건들은 다른 모습으로 전개됐을 수가 없다. 모든 '선택 사항들'이나 결과를 '좌우했을' 계획되지 않은 사건들에 대해 알고 있었다고 해도 마찬가지다. 이는 시간을 초월했거나 시간과는 무관하다. 우리는 미래의 어느 날 (가령, 내일) 과거가 미리부터 결정되어 있었다고 말할 수 있다. 그러므로 현재와 미래의 어느 날 사이에 일어나는 사건들은 미리부터 이미 결정되어 있는 것이다.

이런 깨달음은 미래에 대한 이해로 이어지고 우리는 여기에서 내면의 평화와 자유를 얻을 수 있다. 우리의 미래는 '우리 앞에' 있고 우리는 아직 미래에 도달하지 않았다. 하지만 미래로 향하는 길은 이미 그려져 있다. 엘리엇은 『리틀 기딩 *Little Gidding*』에서 기억을 이렇게 활용하면 과거뿐 아니라 미래에서도 자유로울 수 있다고 말했다.

> 기억 활용법
> 자유는 사랑 못지않게 중요하다. 욕망을 넘어 사랑을 확장시키면 과거뿐만 아니라 미래에서도 자유로울 수 있다.

우리는 모두 과거에 영향을 미칠 수 없다는 사실에 동의한다. 기억을 활용하면 우리가 과거뿐 아니라 미래에도 영향을 미칠 수 없다는 놀라운 사실을 발견하게 된다. '금광'의 철학적 성분을 요약할 수 있는 말이 있다면, 그것은 '예정설'일 것이다. 나는 '예정설'이라는 용어를 사용하기가 망설여진다. 왜냐하면 이 말은 부담스러운 느낌이 들기도 하거니와 '예측 가능성'이라는 말과 동일시되는 경우도 있기 때문이다. 미리 정해진 세계란 물리학자 같은 사람들이 예측할 수 있는 세계라는 뜻과는 다르다.

우리는 통제하고 있지 않고, 통제한 적이 없으며, 앞으로도 통제하지 못할 것이다. 그러므로 자연을 통제하려는 과학자들의 소망은 처음부터 실패하게 돼 있다. (게다가 내가 보기에는 불안하기 짝이 없다.) 인간과 자연의 상호작용은 과학자들이 생각하는 것보다 훨씬 더 미묘하다. 리처드 파인먼이 『물리학 법칙의 특성 *The Character of Physical Law*』에서 언급한 것처럼 우리들은 대부분, "미래에 영향을 미칠 수 있는 무언가를 할 수 있다고 생각한다."[24] 하지만 우리는 과거에 영향을 미칠 수 없듯이 미래에도 영향을 미칠 수 없다.

다시 한번 말하지만, '자유의지 문제'에 대한 대답은 '자유의지' 같은 것은 없다는 것이다. 이런 대답이 끔찍하다고 생각하는 이들도 있겠지만 꼭 그렇지만도 않다. 우리에게 자유의지가 없다는 논리적 결론에 도달하면 배중률*에 관한 해묵은 철학적 딜레마도 우연찮게 해결된다. 철학자들은 자유의지에 대한 믿음을 계속 유지하기 위해 "진리가 시간을 초월한다는 일반적인 확신마저 거부"하려 들었다. 버나드 베로프스키는 『자유의지와 결정론 *Free Will and Determinism*』에서, "그렇게 해야만, 우리가 미래에 영향을 미칠 힘을 가지고 있다는 믿음을 유지할 수 있다."[25]고 말했다. 알다시피 자유의지에 대한 믿음은 강력하고 지배적이다. 철학자들은 논리를 포기하면서까지 자유에 집착한다. 그들은 자유의지를 수호하기 위해서라면 진리에 대한 오랜 정의마저도 바꿔버릴 것이다.

'극도로 결정론적인super-deterministic'이라는 말을 사용했던 존 벨**은 자유의지가 없다면 양자 실험에서 야기된 근본적인 수

---

* **배중률排中律** | 형식 논리학에서 사유 법칙의 하나. 어떤 명제와 그것의 부정 가운데 하나는 반드시 참이라는 법칙으로, 서로 모순되는 두 가지의 판단이 모두 참이 아닐 수는 없다는 원리를 기초로 한다.

** **존 벨John Bell(1928-90)** | 본질적인 차원에서 물체의 독립적인 상태라는 것이 존

수께끼가 쉽게 풀릴 것이라고 생각했다. 물리학자였던 존 벨은 어떤 실험을 행할지는 인간이 선택할 수 있다고 가정했다. 그러나 그는 만약 진정한 선택권이 없다면 실험 결과에서 비롯되는 어려움이 사라져버릴 것이라고 말했다. "우리를 위기에서 건져주는 자유의지가 환상이라는 말씀인가요? 정말 그렇습니까?" 라고 묻는 기자의 말에 벨은 이렇게 답했다. "정확한 말씀입니다." 양자적 세계의 수많은 미스터리들을 푸는 데는 이렇게 우아하고 단순한 해결책이 아주 중요한 역할을 하지만 물리학자들은 대부분 이를 진지하게 받아들이지 않는다. 그들은 자유의지를 수호하고 싶어하기 때문에 벨의 '극도로 결정론적인' 설명(그 미학과 균형미와 단순성에도 불구하고)을 거부하고 양자론이 위기에 처해 있다는 생각만 고수하려 들 것이다. 그들은 조악하고 난해하고 복잡하게 뒤얽힌 설명을 부여잡고 인간의 통제력에 대한 믿음을 지켜내려 들 것이다. 며칠 전 나는 양자론의 수수께끼들에 대한 여덟 가지 해답이 들어 있다는 지루한 논문을 읽었다. 그러나 그 해답들 가운데에 극도로 결정론적인 벨의 간결한 해답을 언급한 내용은 하나도 없었다. 대신 그 논문에는 다중우주에 대한 내용을 비롯해 자유의지에 대한 물리학자들의 믿음을 허용하는 세련되지 못한 설명들만 가득했다. (자유의지에 대한 벨과 P. C. W. 데이비스의 대화[26]는 참고문헌 부

재하지 않는다는 사실을 증명한 '벨의 정리'로 유명함.

분에 수록되어 있다.)

　합리적인 (또는 불합리한) 의사결정 방법을 기초로 행위와 선택을 달리 할 수 있다고 생각할 수도 있지만 그렇다고 미래에 영향을 미칠 수 있는 것은 아니다. 파인먼은 "후회와 유감 그리고 희망 같은 말들은 모두 과거와 미래를 완벽하고도 분명하게 구분 짓는 말들이다."[27]라고 말했다. 이런 말들은 모두 말 자체에 시간에 대한 방향성이 분명하게 들어 있다. 과거 지향적인 '후회'라는 말과 미래 지향적인 '희망'이라는 말 사이에는 분명히 큰 차이가 있다. 그러나 과거와 미래에 근본적인 유사점이 있고 과거나 미래에 우리가 영향을 미칠 수 없다는 사실을 깨달으면 이런 말들의 의미는 전혀 달라진다. 과거에 다르게 행동할 수 없었다는 사실을 깨달으면 후회의 의미는 완전히 달라진다. (심리학자이자 자기수양 전문가인 해밀턴 비즐리 박사는 『후회는 없다: 과거를 떠나 현재를 사는 10단계 프로그램 *No Regrets: A Ten Step Program for Living in the Present and Leaving the Past Behind*』이라는 책을 저술했다. 이 책은 재미있고 때로는 유익하다. 그러나 과거에 다르게 행동할 수 없었다는 사실을 깨닫기 전에는 후회라는 문제를 해결할 수 없다. 비즐리가 제시하는 해결책은 결국 표면적인 해결책일 뿐 문제의 근원적 해결책은 될 수 없다. 후회에서 벗어날 수 있는 유일한 해결책은 과거를 바라보는 방식을 바꾸는 것이다.)

　일리야 프리고진과 이사벨 스텐저스는 『혼돈으로부터의

질서: 자연과 인간의 새로운 대화 *Order Out of Chaos: Man's New Dialogue with Nature*』에서 이 문제의 핵심에 대해 이렇게 말했다.

> 결정론적 해석의 효용성에 대해 확신을 가지고 있는 과학자라 해도 우리가 알고 있는 우주창조의 순간인 빅뱅의 순간에 자연 법칙에 따라 이 책의 출판이 이미 예정되어 있었다고 자신 있게 주장하기는 어려울 것이다.[28]

실제로, '신의 마음' 또는 '금광'은 우리에게 프리고진과 스텐저스가 부정하려는 바를 명확하게 알려준다. 우리는 아주 처음부터 모든 사건들이 예정된 시간과 패턴에 따라 전개되기 시작했으며 그 책과 지금 여러분이 읽고 있는 이 책의 출판일도 이미 정해져 있었다는 사실을 확실히 알 수 있다. 그렇다고 해서 뉴턴의 기계학적인 세계관이 모두 옳다는 것은 아니다. (이론상) 완전한 예언에 대한 믿음은 무익하다. (이에 대해서는 고전물리학의 몰락이라는 관점에서 뒤에 좀 더 자세히 알아본다.) 그럼에도 불구하고, 예정된 계획에 따라 우주가 전개되고 있다는 개념은 여전히 유효하다.

　얼핏 보면, 예정된 세상에서 인간의 자유가 설 자리 따위는 없어보일 수도 있다. 물론, '자유'의 의미를 좀 더 명확하게 규정지어야 하긴 하지만 이는 얼토당토않은 생각이다. 원자 실험에서 다음번 전자가 나타날 자리부터, 미래의 모든 올림픽 경기

승자들에 이르기까지 세상만사가 모두 완벽하게 정해져 있다고 말할 수 있지만, 그 와중에도 인간의 선택권과 그 선택권에 대한 영향력은 여전히 유효하다. 우리는 활동에 인공적인 제한이 전혀 없는 것처럼 자유롭게 느끼고 행동한다. 그러나 사실 우리는 실현이 가능한 단 한 가지의 방식으로 행동하고 있다. 즉,

우리는 자유롭다고 느끼지만 실제로 자유롭지는 않다.

나는 이것이 세상만사의 정교한 상태(아주 단순하다고도 할 수 있는)라는 사실을 알아냈지만 이런 의견을 마땅치 않게 여기는 이도 있을 것이다. 그러나 만약 선택권이 주어진다면 사람들은 대부분 자유 자체보다는 자유롭다고 느끼는 상태를 선택할 것이다.

여기에는 한 가지 모순이 있을 수 있다. (자연에 모순이 없다고 말한 사람은 아무도 없었다.) 우리는 "Raffiniert ist der Herr Gott, aber boshaft ist er nicht."[29]라는 아인슈타인의 말을 기억한다. 이 말은 다양한 의미로 풀이되었고, "신은 교묘하지만 심술궂지malicious는 않다."로 해석되기도 한다. 미래에 우리가 실질적으로 경험할 수 있는 일은 실제로 일어나는 일들뿐이다. 그러나 어떤 일이 일어날지를 미리 알 수는 없기 때문에 우리는 다양한 행동 양식들 가운데 어쩔 수 없이 하나를 선택해야만 한다. 만약 선택을 하지 않으면 아무것도 하지 않은 채 그대로 인

생이 끝나버릴 수도 있다. 아침에 침대에서 일어나지 않을 수도 있고 줄곧 골프만 치다가 끝날 수도 있을 것이다. (이런 인생이 꼭 나쁘다고 할 수는 없다. 내 주위에도 타이거 우즈와 인생을 맞바꾸고 싶어하는 사람들이 몇 있다.) 많이 알려지지는 않았지만 아인슈타인은 후에 이런 말도 덧붙였다. "다시 생각해보니, 신은 심술궂을malicious 수도 있다."[29] 과학자들이 자연의 불완전성이 다윈의 진화론을 증명하는 증거라고 믿는 이유를 살펴볼 때 이런 정서를 계속 염두에 두기 바란다.

미래가 어떻게 전개될지를 우리가 모른다는 사실은 세계가 설계된 방식에서 절대적으로 본질적이고 중요한 부분이다. 뉴욕 마라톤 대회에 참가했다가 다리를 다치게 되리라는 사실을 미리 알고도 대회에 참가할 사람이 몇 이나 될까? 그러나 경주가 시작되기 전에 미래는 이미 우리의 상상력이 허락하는 만큼으로 한정되어 있다. 경우에 따라 우승의 희망을 품을 수도 있는 것이 미래이다! 만약 모든 일을 대략적으로 예측할 수 있다면 카지노나 경마를 제외한 나머지는 아주 지루할 것이다. 그리고 계산과 예측을 더 정확히 해내는 데 많은 시간을 할애하게 될 것이다. 인간은 어쩔 수 없이 미래에 대해 불확실성을 느낄 수밖에 없기 때문에 매사에 흥미를 가지고 끊임없이 추측을 하게 된다. 우리는 앞으로 무슨 일이 생길지 알 수 없다는 사실을 알고 있지만 미래에 생길 결과가 발생 가능한 한 가지 방식으로만 나타난다는 사실도 알고 있다.

우리가 보이지 않는 힘에 의해 조정당하고 있다고 느끼는 사람은 극소수이며, 대부분은 우리가 원하는 일을 막을 존재가 아무도 없다고 생각한다. 우리는 항상 선택을 하고 선택한 바를 실행하기 위해 노력한다. 인간이 미래를 알 수 없다는 개념에는 실질적인 문제가 거의 없다. 이 문제를 다른 방식으로 생각해보자. 내가 제안하는 실재에 대한 관점에서 볼 때, 여러분은 줄곧 미리 결정된 세상에서 살아왔다. 여러분이 어떻게 생각하든 간에 여러분에게 '자유의지'란 없었다. 하지만 여러분에게 선택의 '자유'가 없었다 해도, 여러분이 스스로를 단순한 꼭두각시로 여겼을까? '자유'가 부족하다고 느꼈을까? 물론 아니다.

더 깊은 내용으로 들어가기 전에, 현실주의에 대한 데닛의 의견에 대해 다시 한 번 생각해보자. 앞서 살펴봤듯이 그는, '비록 증명할 수는 없을지 몰라도 ……', '증명을 포기하고 골프를 치러갈 수밖에 없다손 치더라도 ……', '현실주의가 틀렸다고 가정할 준비가 돼 있다.'고 말했다. 데닛이 '두려운 가설'을 거부한 이유는 논리 때문이 아니라 분명히 심리와 정서 때문이었다. 그는 현실주의가 틀렸다는 증거를 하나도 제시하지 않았지만 현실주의를 매우 불편해했다. 그는 자신이 통제하고 있지 않을 수도 있다는 관념을 마땅치 않게 생각했고, 절대 명령에 의해 현실주의를 거부한 것이다.

5장

자연법칙의 불편한 진실

모든 일은 우리가 통제할 수 없는 힘들에 의해 결정된다. 벌레도 행성도 마찬가지다. 인간, 식물, 그리고 우주먼지에 이르기까지, 우리 모두는 멀리서 피리를 불어주는 보이지 않는 연주자의 신비로운 선율에 맞춰 춤을 춘다.[30]

— 1929년, 『새터데이 이브닝 포스트』지, 아인슈타인

우리는 앞서 기억을 활용함으로써 과거가 다른 방식으로 전개될 수 없었다는 사실을 알 수 있다는 점에 대해 알아보았고, 이를 통해 미래가 완벽하게 미리 결정되어 있다는 명백한 결론에 도달했다. 실제로, 동전 던지기 같은 일의 결과는 정해져 있다. 만사가 한 가지 방식으로만 발생할 수 있다는 관점은 현재 통용되고 있는 과학적 사고와는 정반대다. 학문적이면서도 대중적인 문헌에서는 결정론을 시대에 뒤떨어진 관념으로 본다. 요즘에는 우연성, 복잡성, 혼돈, 적응, 발생, 우발성 같은 관념들이 대세다. 일부 이론과학자들은 우주가 우연적이고 예외적인 행운에 의해 생겨났을 뿐이라고 주장하며, 개중에는 우연과 무작위성이 세상을 지배한다고 생각하는 이들도 있다. 스티븐 와인버그는 이렇게 말했다. "우리는 범우주적인 복권에 우연히 당첨되었을 뿐이다."[31] 일부 이론가들은 우리가 여러 개의 다중우주 가운데 하나에 살고 있다고 단정한다. ('우주'라는 말이 원래 다중우주라는 뜻까지 포함한 포괄적인 의미임에도 불구하고.) 이들이 이런 주장을 펼치는 이유 가운데 하나는 인류원리*의 한 변형이라 할 수 있는 그런 개념이, 우리가 알고 있는 지식을 바탕으로 우주가 생명을 품기에 적합한 이유를 설명하는 데 도움이 되기 때문이다. 우연성, 무질서, 엔트로피** 같은 개념들은 이미 널리 알려져 있고 현대 사상의 모든 분야에서 통용된다.

아서 에딩턴은 『물리적 세계의 본질 *The Nature of the Physical World*』에서 이 문제를 이렇게 결론지었다.

지금은 하나의 공통된 계산법을 모든 형태의 유기적 구조에 적용할 수 있다. 유기적 구조에서 발생하는 모든 손실은, 그 손실이 우연의 일치로 복구될 가능성에 대한 확률 계산으로 공정하게 측정할 수 있다. 확률에는 우연성이 있기 때문에 불합리하지만 측정 방법으로는 정확하다. 우주에서 증가할 수는 있지만 절대로 감소할 수는 없는 무작위적인 요소를 실질적으로 측정해내

* **인류원리anthropic principle** | 우리가 살아갈 수 있도록 우주가 생긴 이유는 우리 인류가 살고 있기 때문이라는 원리.

** **엔트로피entropy** | 열역학에서 사용하는 단위로, 어떤 계(system)의 온도, 압력, 밀도의 함수로서 표시된 양의 단위를 뜻함.

는 단위를 엔트로피라고 한다.[32]

　이번 장에서는 현대 과학에서 가장 중요하게 취급하는 몇 가지 법칙들을 살펴볼 것이다. 이 법칙들은 미해결 상태로 남아 있는 의문들과 오랜 시간에 걸쳐 검증된 듯 보였던 다른 법칙들을 새롭게 조명하는 법칙들이다. 세상에는 정확하고 권위 있기로 이름난 과학적 사상들이 많지만, 우리는 여러 가지 주요 이론에 실험적인 증거가 부족하다는 사실을 깨닫게 될 것이다. 과학자를 비롯한 많은 이들이 자신의 견해가 명백한 사실이며 그것을 증명할 자료가 있다고 확신한다. 그들은 또한 실재에 대한 오만한 접근방식에 대단한 자부심을 가지고 있다. 하지만 그들의 세계관은 미심쩍기 이를 데 없는 추측들을 기초로 한다. 그들은 선입견을 가지고 자연을 판단한다. 자연에 대한 그들의 편견은 악의적이지도, 불합리하지도 않지만 분명 한쪽으로 치우쳐 있다.

　나는 현실만이 가능한 것이 아니라, '가능한' 것이 '현실적'이라는 고도로 관념적이고 비사실적인 믿음을 내포하고 있는 과학적인 세계관을 단순히 지적하는 일에는 관심이 없다. 우리는 미래가 예정되어 있다는 궁극적인 지식을 통해 많은 과학적 추측들이 옳지 않을 수도 있다는 사실을 확실히 알 수 있다. 과학으로는 확실성을 확보할 수 없지만 다른 방법으로는 가능하다. 진정한 발전을 이루려면 과학을 넘어서야 한다. 과학적 진리라고 알려진 많은 일들이 환상에 불과하다는 사실은 이미 밝혀져 있다. 실재에 대한 모든 과학적 주장들은 완전히 퇴출되거나 수정해야 한다.

자연이 '질서보다 무질서를' 선호한다거나 '무작위성이 계속 증가하고 있다.'는 식의 말을 우리는 그동안 귀에 못이 박히도록 들었다. 심지어 어떤 물리학자는 어린이가 방을 어지럽히는 모습이 이런 법칙의 사례라고 말하기도 했다. 또, 한 번 섞은 카드를 다시 섞어 맨 처음의 정돈된 상태로 돌려놓을 확률이 지극히 낮다는 점을 예로 드는 사람들도 있다. 열역학 제2법칙은 아주 광범위한 현상에 걸쳐 적용할 수 있기 때문에, 열역학 제2법칙은 실험적 증거가 있고 '무작위성'에 대한 선입견적인 가정에서 자유로운 것처럼 느껴질 수도 있다.

그러나 이는 엔트로피와 무질서라는 개념의 기원을 탐구하며 얻은 결론에 불과하다. 에딩턴도 열역학 제2법칙을 찬양하고 엔트로피 증가 법칙이 모든 자연법칙 가운데 으뜸이라고 말했던 적이 있다. 이런 추종자들이 있는 한, 엔트로피의 신비를 풀고 그 신비를 둘러싼 혼란을 없애는 일이 쉽지만은 않을 것이다. 그러나 열역학 현상을 분자역학적 통계로 설명하는 데 결정적인 역할을 했던 19세기 루드비히 볼츠만 시대 이후에 성황을 이루던 개념들에 대해서는 다시 생각해볼 필요가 있다.

자연계에 '무질서'가 지속적으로 증가하고 있다는 수학적 관념의 기원을 해체하고 다시 구축하는 일은 매우 중요하다. (여기에서 말하는 '무질서'란 너저분하거나 뒤범벅이 된 상태를 일컫는 정성定性적 개념과는 다른 수학적 개념이다. 4살 난 우리 아들의 방이 무질서하게 어지럽혀져 있다고 말하는 것과 자연계에 '무질서'라고 알려진 특징이 있다고 말하는 것은 전혀 다른 의미이다.) 열역학 제2법칙은 과학의 모든 분야에서 중요한 역할을 하며 자연적 과정과 시간, 방향성, 의식 등을 이해하는 데에도 필수적이다. 하지만 과학이 잘못된 길을 가고 있다는 사실을 이해하려면 더 상세한 연구가 꼭 필요하다. 동전 던지기와 주사위 놀이 같은 실험을 비롯해, 실질적으로 지금까지 이루어진 확률론에 대한 모든 설명들은 자연이 '무작위적으로' 작용한다는 사실을 밝히기 위한 것이었다.

과학자들은 자연에 '동등한 확률'로 발생하는 사건들이 있다는 가정에 기초한 이론적 모델을 염두에 두고 있다. 다시 말하면, 실험을 시작하기도 전에 이미 선입견을 가지고 있는 셈이다. 가령, 과학에서는 대칭적, 중립적 조건에서 동전을 던지면 앞면이 나올 확률과 뒷면이 나올 확률이 '동등하다.'고 가정한다. '동등한 확률'이라는 이러한 가정은 자연과 실재에 대한 모든 주장, 특히 자연이 '질서보다 무질서를' 선호한다는 과학자들의 주장에 힘을 실어주는 듯하다. ('동등한 확률'이라는 개념을 기초로 한 책 중에는 심지어, 『실재의 거울: 대칭의 수학 탐구 *Reality's Mirror: Exploring the Mathematics of Symmetry*』라는 제목을 달고 있는 책도 있다.)

그러나 시간의 흐름에 따라 '무질서'의 정도가 증가한다는

주장이나, '무질서'가 자연의 특성이라는 주장을 뒷받침할 증거
는 전혀 없다. 자연의 본질적인 작용에 '우연성'이 영향을 미친
다는 주장에 실험적 증거가 있는지에 대해서는 논란이 종종 있
지만 우리는 그런 증거가 전혀 없다는 사실을 알게 될 것이다.
자연이 '우연'과 '확률'의 지배를 받는다고 주장하는 이들은 과
학의 토대를 모르는 사람들뿐이다. 그리고 대다수의 과학자들
이 이런 범주에 속한다는 것은 불행한 일이다.

중립적인 환경에서 동전을 던져보면, 몇 번은 앞면이 나오
고 몇 번은 뒷면이 나온다. 그리고 던지는 횟수를 계속 거듭하다
보면 앞면이 나올 확률과 뒷면이 나올 확률은 똑같이 약 50%에
도달한다. 이렇게 결국 동등한 확률로 수렴하는 결과를 보고 파
인먼이 주장한 것처럼 "동전을 한 번 던졌을 때 앞면과 뒷면이
나올 확률이 동일하다."[33]고 말할 수 있을까? 전혀 그렇지 않다.

동전을 한 번 던지려고 할 때 잘 생각해보면, 우리가 알 수
있는 것이라고는 동전의 양면 가운데 어느 한 면이 나오리라
는 사실뿐이다. 이런 상태를 두고 '동등한 확률'이라거나 '동등
한 가능성이 있다.'고 말할 수 있는 실질적인 근거는 없다. 이는
오랜 시간 동안 여러 번 동전을 던졌을 때나 할 수 있는 가정에
불과하다. 과학자들과 철학자들은 이런 가정을 너무나 중요하
게 생각한 나머지 선험확률동등의 원리*라는 공식 용어까지 붙

---

* 선험확률동등의 원리|The hypothesis of equal a priori probabilities | 어떤 사건이

여 놓았다. 그러나 내 경험에 의하면, 대부분의 과학자들은 그런 원리가 존재하는지조차도 모르고 있다. 나탈리 앤지어는 『캐논: 과학의 아름다운 기초 둘러보기 *The Canon: A Whirligig Tour of the Beautiful Basics of Science*』에서 이렇게 말했다.

> 동전을 한 번 던질 때 앞면(또는 뒷면)이 나오도록 던질 수 있는 가능성은 당연히 50%다. 달리 말하면, 확률이 0.5라는 뜻이다.[34]

이 '지식'은 현대 과학의 근본원리에서 절대적으로 중요하며, 사실로 받아들여지고 있다. (그녀가 '당연히'라는 말을 사용했다는 점에 주목하자.) 그러나 여기에는 이런 주장이 가정일 뿐이라는 힌트가 조금도 없다. (일반적으로 볼 때 이런 가정에는 문제가 없지만, 문제는 가정이 가정일 뿐이라는 사실을 명시하지 않는다는 점이다.) 공정하게 말하면, 앤지어는 과학 저술가이지 전문 과학자는 아니다.

심지어 이런 주제를 놓고 고민했던 비교적 소수의 과학자들마저도 '동등하게 발생하는' 확률에 대한 가설이 '합리적이고', '논리적이고', '설득력 있는' 가설이라고 주장한다. 과학자들

일어날 수 있는 모든 가능성을 고려하여 내리는 확률(가령, 동전을 던져 앞면이 나올 확률은 0.5)을 선험적 확률 또는 이론적 확률이라 하며, 해당 사건을 실질적으로 무한히 반복하면 결국에는 이론적인 확률과 동등한 확률에 도달한다는 원리.

은 동전이 완벽한 대칭을 이루고, 측정할 수 있는 외부의 힘이 없으며, 중립적인 방법으로 동전을 던지면 동전이 떨어지는 방식에 대자연이 '무관심'하다고 확신한다. 그리고 이런 확신은 정당해보이기도 한다. 이들은 '무관심한' 자연이 무슨 일이 생기든 신경 쓰지 않고, 동전의 앞면이 나올 확률과 뒷면이 나올 확률은 '동등하다.'고 생각한다. 동전을 반복적으로 던져보면 시간이 지날수록 앞면이 나올 확률과 뒷면이 나올 확률이 똑같아진다는 사실을 알 수 있다. 그렇다면 두 가지 '가능성'이 나타날 확률이 항상 똑같이 동일하다고 할 수 있을까? 공평한 동전을 공평한 방식으로 던지면 공평한 결과가 나올까?

동전의 대칭성에 근거한 합리화도 그렇지만 '동등한 가능성'에 대한 가설도 귀납적으로 정당화할 수 있다고 한다. 간단히 말하면, 여기에는 가설에 근거한 장기적인 예측이 정확하기 때문에, 한 번의 행위에 적용하는 가설도 정확해야 한다는 사고방식이 깔려 있다. 예를 들어, 동전 세 개를 동시에 던질 때 모두 앞면이 나올 확률은 약 $1/8$이다. 마찬가지로, 동전 네 개를 동시에 던질 때 모두 앞면이 나올 확률은 약 $1/16$이며, 다섯 개를 동시에 던질 때 모두 앞면이 나올 확률은 약 $1/32$이다. 이는 물론 가장 단순한 사례일 뿐이다. 수많은 실험을 통해 이런 예측을 확인하면 가설의 정당성에 대한 확신도 강해진다. 과학적 법칙에서는 이처럼 간접적인 정당화를 그대로 받아들이며 겉보기에는 이런 개념이 과학자들의 실험을 뒷받침하는 것처럼 보인다.

　　그러나 그러한 주장의 '논리성', '합리성', '설득력'과 이를 바탕으로 한 예측의 정확성, 그리고 동등한 가능성이라는 개념에 대한 논의는 결국 실험적 관찰이 아니라 가정에 불과하다. 지금까지 증명된 실험은 전혀 없다. 왜냐하면 이런 가설은 개별적인 실험에 바탕을 둔 가설이기 때문이다. (가설이라고 불리는 이유는 바로 그 때문이다.) 이에 근거한 예측들은 많은 실험의 평균적인 결과들을 바탕으로 한다. 달리 말하면, 과학자들은 개별적인 사건을 예측하지 않기 때문에 가설을 직접적으로 확인할 수 없다는 것이다. 그렇다고 동전에게 결과에 대해 '무관심' 한지를 물어볼 수는 없다. 앞면이 나온 동전에게, "뒷면을 보여줄 수는 없었습니까?"라고 물을 수는 없는 노릇이다. 아니, 물어볼 수는 있겠다. 하지만 대답을 들을 수는 없다.

　　리처드 C. 톨먼은 통계역학에서는 가설을 당연한 것으로 받아들일 수 있다고 조심스럽게 지적한 과학자들 가운데 한 사람이다. 그는, "가설은 불가피한 가정으로, 처음에는 **증거 없이 도입한다.**"[35]고 기술했다. (굵은 글씨는 그가 강조한 부분) 톨먼은 661페이지에 달하는 『통계역학의 원리 *The Principles of Statistical Mechanics*』라는 책의 여러 부분에 걸쳐, 가정과 그 기원에 대해 논하는 데 여러 페이지를 할애했다. 오늘날의 교과서 저술가들과는 달리, 톨먼이 통계역학의 철학적 토대에 대해 많은 생각을 했던 건 분명하다. 그는 확률에 대한 직접적인 실험 결과가 없다는 점을 언제나 조심스럽게 지적했다. (톨먼은 과학사에서 그런대로 중요한 인물이다. 파인먼은 캘리포니아 공대 이론물리학과에서 '리처드 체이스 톨먼'으로 불렸다. 톨먼은 당대를 선도하는 과학자였으며 1962년 노벨 평화상을 수상했던 라이너스 폴링은 그를 가장 영향력 있는 두 명의 과학자 가운데 한 사람이라고 지칭했다. 또 오늘날까지도 화학 분야에서는 그의 업적을 기려, 톨먼 상이라는 이름으로 매년 수상자를 선정하고 있다.) 뒤에 몇 명을 더 살펴보겠지만, 톨먼보다 신중하지 못한 일부 저술가들은 동전 던지기나 주사위 놀이 같은 행위에서 '확률적으로 동등한' 결과가 나온다는 견해에 실질적인 실험 증거가 있다고 주장하기도 한다. 하지만 이는 자만에 빠진 학자들의 불합리하고 조잡한 사고에서 나온 주장일 뿐이다.

한 번은 유명한 이론물리학자와 토론을 한 적이 있다. 그는 증거 없는 가설을 옹호하고 내 판단을 흐리게 만드는 데 15분 이상을 허비한 뒤에야 동전 던지기에서 앞면과 뒷면이 공통적으로 똑같이 나온다는 가설을 뒷받침할 실험적 근거가 없다는 사실을 인정했다. 나는 이 문제의 해답이 아주 분명하다는 사실을 알고 있다. 그리고 톨먼의 업적처럼 참고할 만한 내용은 언제나 존재한다. 그러나 박사학위까지 받은 그 세계적인 이론물리학자는 동전 던지기처럼 단순하고 기초적인 행위에 확실한 실험적 증거가 있다는 믿음을 50년도 넘게 유지하고 있었다. 그는 자신의 믿음이 얼마나 잘못되었는지는 상관없이 그 믿음을 쉽게 저버리려 하지 않았다. 하지만 안 될 일이다. 그가 평생 동안 굳건히 믿어왔던 '사실에 근거한' 토대는 일순간에 사라져버렸다. 신중하게 생각한 뒤에야 그는 동전 던지기에서 자신이 사실이라 믿었던 것들이 가정에 불과하다는 사실을 깨닫고는 매우 불편해했다. 하늘을 날 것 같았던 가짜 융단을 잃어버린 그는 자유낙하라도 하는 듯했다.

'무질서'는 추상적인 수학 관념이다. 이 무질서가 자연계에서 지속적으로 증가한다는 믿음의 배후에는 어떤 과학적 사고 방식이 있을까. 이를 알아보기 위해서는 가장 널리 읽히고 있는 현대 물리학 교과서 가운데 하나인 데이비드 핼리데이와 로버트 레스닉의 『물리학 *Physics*』이라는 책을 참고하는 것이 가장 좋을 것이다. 여러 가지 면에서 물리학 입문서의 바이블로 알려져 있는 이 책에서 저자들은 이렇게 말한다.

> 엔트로피는 무질서와 관련이 있다. 그리고 자연적인 과정에서 [계system+환경]의 엔트로피가 증가하는 경향이 있다는 열역학 제2법칙은, [계+환경]의 무질서도가 증가하는 경향이 있다는 말과 동일하다.[36]

'무질서'의 의미를 설명하기 위해 저자들은 정성적이면서도 정량적인 세 가지 사례를 들었다. 이 세 가지는 기체의 자유 팽창, 열전도, 커피를 젓는 행위이다. 이 세 가지 사례를 모두 면밀하게 검토할 필요는 없지만 그 주장의 핵심적인 내용은 살펴봐야 한다. 이를 통해 우리는 자연계의 '무질서'가 증가하고 있다는 주장의 근거로 인용되는 증거들이 증거로서 전혀 타당성이 없으며, 오히려 '동등한 가능성'에 대한 가설 자체를 노골적으로 사용한 해석에 불과하다는 사실을 알 수 있다. 만약 가설이 틀렸다면, 내가 주장하는 대로 그들의 견해는 모두 틀린 것이다.

저자들이 제시한 첫 번째 사례에서는 최초에 상자의 절반만을 채우고 있던 기체 분자들이 상자 전체를 채우게 된다. 이러한 기체 팽창 현상에 대한 핼리데이와 레스닉의 정성적 설명은 다음과 같다.

> '무질서'라는 말의 합리적인 정의에 비추어보면, 계system는 점점 더 무질서해진다. 한 공터에 있던 쓰레기가 두 공터로 확산될 때 무질서가 증가하는 현상도 같은 맥락이다. 좀 더 정확하게 말하면, 우리가 분자를 분류할 수 있는 능력의 일부를 잃어버리기 때문에 무질서도가 증가하는 것이다.[36]

기체 분자를 쓰레기에 빗댄 이상한 비유는 그렇다 치고, 세 번째 문장에 대해 잠시 생각해보자. 무지는 인간의 특성 가운데 하나이다. '무질서'는 자연의 속성이라고들 한다. 그러나 핼리데이와 레스닉은 우리가 정보를 일부 잃어버리기 때문에 자연의 '무질서'가 증가한다고 말한다.

이는 아주 이상한 관점이 아닐 수 없다. G. S. 러시브루크는 자신의 저서, 『통계역학 입문 *Introduction to Statistical Mechanics*』에서 이렇게 말한 적이 있다. "무작위성이나 무질서는 불확실성이나 무지와 같은 말이다."[37] 새겨들을 말이다. 우리의 무지가 커지는 것이 자연의 무질서 증가와 무슨 상관이란 말인가? 그러나 이처럼 이상한 접근법을 지적하는 것만으로는 과학적인 관점에 도전하기에 역부족이다. 왜냐하면 과학은 정량적이지 않으면 의미가 없기 때문이다. 게다가 우리는 지금 단순한 의미론에 대해 논하고 있는 것이 아니다. 그러므로 이제 수학과 딱딱한 숫자의 정밀한 세계로 넘어가보자. 과학자들이 아주 요상한 세계관을 가지고 있다는 사실은 수학의 영역에서 엿볼 수 있다.

헬리데이와 레스닉은 '매우 공식적인' 수학적 설명을 통해 '확실한 정량적 기초'와 '무질서의 정확한 의미'를 알려주겠다고 말했다. 그들은 다음과 같은 공식으로 자신들의 주장을 계산해 낼 수 있다고 말한다.

$$S = k \log w$$

여기에서 S는 '엔트로피' 또는 '무질서도'이며, k는 볼츠만 상수, w는 '무질서도 매개변수'이다. (이 함수는 볼츠만의 묘비명으로 새겨져 있다. 그만큼 중요하게 취급된다는 얘기다.) 이 중에서도 특히 '무질서도 매개변수'는 아주 재미있는데, 그 정의는 다음과 같다.

해당 계system가 존재할 수 있는 모든 상태 가운데 어떤 상태로 존재하게 될 확률

이 정의를 기억해두고 다음 내용을 살펴보자. 핼리데이와 레스닉은 이런 말도 덧붙였다.

이 등식은 열역학적 또는 거시적 양量의 개념인 엔트로피를 통계학적 또는 미시적 양量의 개념인 확률과 연결시킨다.

확률의 기본적인 개념에 대해 알아두면 좋다. "확률은 전통적으로 0에서 1 사이의 척도로 표현하며, 확률이 0에 가까우면 드물게 발생하는 일이며 아주 보편적으로 발생하는 일은 확률이 1에 가깝다."[38]

'무질서도 매개변수'의 정의에 대해서는 엄밀히 따져봐야 한다. 특히 '존재할 수 있는 모든 상태'라는 말은 더 자세히 들여다봐야 한다. 우리는 어떤 계가 특정한 상태로 존재한다는 사실을 알 수 있다. 특정한 상태란 어렵게 생각할 것 없이 그냥 눈에 보이는 모습이라고 생각하자. 우리는 이처럼 특정한 상태를 측정하고 하나의 유일한 결과를 얻는다. 그런데 어떻게 저자들은 특정한 상태로 존재하는 계가 다른 상태로 '존재할 수 있다.'고 생각하게 된 걸까? 왜 그들은 계의 현재 상태와 '확률' 사이에 모종의 관계가 있다는 결론에 도달한 걸까?

그 이유는 그들이 발현하지 않은 계의 다양한 상태가 쉽게 발현할 수 있다고 증거도 없이 추측했기 때문이다. 증거 없는 추측만으로는 현실이 아닌 일도 현실이 될 수 있다고 생각할 수 있다. 그들은 이론적인 가능성이 실질적인 현실이 될 수 있다고 생각했다. 달리 말하면, 무언가가 사실과 반대되는 상태로 정의된다는 개념, 즉 CFD(Contra-Factual Definiteness: 사실과 반대되는 가정의 한정성)를 명확한 현실로 가정한 것이다. 닉 허버트는 이렇게 말했다.

가설적인 행위가 명확한 결과를 낳을 수 있다는 CFD 가정은 합리적인 것처럼 보이지만, 하나의 사건은 한 번만 일어날 수 있기 때문에 이 가정은 본질적으로 검증이 불가능하다.[39] (허버트에 대해서는 7장에서 좀 더 알아본다.)

우리는 핼리데이와 레스닉의 사고과정을 알고 있다. 시간의 흐름에 따라 결과는 수없이 다양한 양상으로 나타날 수 있기 때문에 이 과학자들은 '무관심한' 자연이 그 모든 결과들을 특정한 시간에 발현시킬 수도 있다고 결론지었다. 그들은 현상을 측정하고 유일한 의미를 가진 하나의 결과를 얻으면서도 그 결과가 다른 방식으로 나타날 수도 있었다고 생각한다. 자연은 지극히 한정적인 결과를 보여주지만 이들은 자연이 무작위적으로 발현한다고 말한다. 핼리데이와 레스닉이 주장하는 관점은 '선험확률동등 원리'의 변주곡에 불과하며 절대로 공정하다고 할 수 없다. 그들의 주장은 실재에 대한 특정한 사고방식을 미리 예상한 것으로, '무작위성에 대한 관념론'이라고 볼 수 있다.

카드 놀이라면 매번 카드를 섞을 때마다 새로운 결과가 나올 수 있다고 생각할 수 있다. 가령, 최종적으로 카드를 섞은 상태를 'A'라고 하자. 그런데 이 과학자들은 모든 카드 조합을 '확률적으로 동등한' 상태로 보기 때문에 상태 'A'는 헤아릴 수 없이 많은 카드 조합 가운데 나타날 수 있는 하나의 조합이다. 카드의 조합은 B가 될 수도 있고, C가 될 수도 있고, D가 될 수도 있다. 최초의 조합을 한 번 더 섞으면 소위, '확률'이란 것이 훨씬 더 커진다. 핼리데이와 레스닉은 심지어 학생들에게 카드를 섞을 때 나타나는 엔트로피의 변화를 계산하라는 숙제까지 냈다. 그러나 내가 지적하는 것처럼, 선험확률동등의 원리는 순수한 가정을 바탕으로 한다. 카드를 다시 섞을 때 수많은 조합 가운데 일어날 수 있는 어떤 한 가지 조합이 나올 수 있다는 증거는 어디에도 없다.

그럼 다시 기체 분자의 사례로 돌아가보자. 핼리데이와 레스닉은 분자의 위치가 '단순한 우연'에 의해 정해지고 '무작위적인 분자의 운동'이 발생한다고 말한다. (분자의 위치가 '우연'에 의해 정해진다는 개념은 중요한 과학적 관점을 보여준다. 이 대목은 주의가 필요하고 분석할 가치도 있다. 그러나 우리의 물리학자들은 이 대목에서 '단순한'이라는 용어를 사용하고 말았다. 그들에게는 이런 부분이 그다지 대수롭지 않은가보다. 그들은 분자의 위치가 그저 단순한 우연에 의해 결정된다고 가정해버리고 그 부분에 대해 논하거나 변론을 하지 않았다. 탐구심이 있는 사람이라면 이런 생각이 어디에서 나왔는지 궁금할 것이다. 그런 주장을 뒷받침하는 증거가 과연 무엇일까? '우연성'에 집착하는 사고방식에 대해서는 7장에서 좀 더 자세히 논한다.) 다음으로 그들은 분자의 특정한 위치에 대한 '확률'을 계산하는 데 기본적인 이론을 활용했다. 만약 하나의 상자를 두 개의 구획으로 나눌 수 있다면, 분자가 어느 한 구획에 위치할 확률은 50%다. 그리고 그 상자를 4개의 구획으로 나눌 수 있다면, 분자가 그 가운데 어느 한 구획에 위치할 확률은 25%다. 만약 두 개의 구획으로 나뉜 하나의 상자 안에 두 개의 분자가 있다면, 그 분자들이 어느 한 구획에 동시에 위치할 확률은 25%다. 핼리데이와 레스닉은 자연의 진행 방향이 '확률의 법칙에 의해 결정된다.'는 결론의 근거로, '어떤 상태가 균등하게 발생할 수 있다.'는 가정을 노골적으로 사용했다.

이들은 처음부터 분자의 위치가 무작위적으로 결정된다는 가정을 내세운 것이다. 이 대목에서 우리는, 그들이 기체가 팽창한 후에 무작위성이 더 커진다고 생각하게 된 이유를 쉽게 알 수 있다. 결국, 공간의 부피가 두 배가 되면 분자가 떠돌아다닐 수 있는 공간이 더 커지고 한 곳에 붙박이로 머무르기가 더 어려워진다. (하나의 상자를 수천, 수백만 개의 인공적인 구획으로 나누면 수학자들에게는 흥미로운 계산 과제가 넘쳐나겠지만 계산은 더욱 복잡해진다. 정량화를 좋아하는 이들은 계산할 문제와 숫자가 많으면 많을수록 신이 날 것이다.) 과학적으로 해석하면 기체가 팽창한 뒤에는 분자가 더욱 자유로워지고 '무질서도'가 증가한다.

그러나 공간의 부피가 늘어나기 전이나 후에 분자가 실제로 자리 잡는 위치 이외에 다른 위치로 옮겨갈 수 있다는 증거는 전혀 없다. 또 최초의 상황에서 분자가 상자의 양쪽 구획에 50:50의 확률로 존재한다는 증거도 없다. 즉 핼리데이와 레스닉이 약속한 '확실한 정량적 기초'란, 실험이 전혀 뒷받침되지 않는 순수한 가정만을 기초로 한 개념이라는 것이다. 가설 성립에 도움이 되는 물리학적 증거가 전혀 없다는 점에서, 그들이 주장하는 정량적 기초라는 말이 혹시 철학적인 믿음에서 나온 것은 아닐까 싶을 정도다.

나는 자연이 무작위적이라는 과학의 핵심적인 가정에 이의를 제기하고 그 가정의 오류를 지적하는 일에는 눈곱만큼도 관심이 없다. 나는 그저 그 너머에 있는 세계를 제시할 뿐이다. '순수한 확률'적 관점과 '선험확률동등의 원리'라는 가정(월터 J. 무어가 『물리화학 *Physical Chemistry*』에서 제대로 진술한 것[40]처럼 선험확률동등의 원리는 통계역학의 절대적 기초다.)은 철저한 오류라는 사실이 드러났다. 이러한 가설은 아주 합리적이고 논리적이기는 하지만 명백하게 틀렸다는 점에는 변함이 없다. 이미 언급했듯이 우리는 기억을 이용하여 과거가 한 가지 발생 가능한 방식으로만 이루어졌고 미래가 완벽하게 미리 결정되어 있다는 사실을 알 수 있다. 미래는 확률이나 우연으로 결정되지 않는다. 동전이나 주사위가 온전한 균형을 이루고 있다고 가정할 수는 있지만 그것을 던졌을 때는 언제나 발생 가능한 한 가지 방식으로만 결과가 나온다. 앞으로 일어날 결과는 발생할 수 있는 유일한 결과인 것이다. 발생 가능한 결과와 실제 결과는 동일한 하나의 결과이다. 이는 이렇게도 표현할 수 있다.

공평한 동전이 불공평한 결과는 낳는다. 자연은 무관심하지 않다.

앞으로 일어날 일을 우리가 미리 알 수 있는 방법은 없다. 그러나 결국 우리가 목격하는 모든 결과가 어느 순간 발생할 '가능성'을 안고 있던 일이었다는 생각은 잘못된 생각이다. 카드 뭉치를 몇 번 섞은 다음, 카드를 펼쳐보자. 이때 우리가 눈으로 확인하는 카드의 조합은 완벽하게 순서대로 배열되어 있든, 뒤죽박죽 섞여 있든 결과로 나타날 수 있는 유일한 조합이다. 특정한 결과는 실제로 발생 가능한 유일한 결과이므로 '무작위성'과는 아무런 상관이 없다. 수학자는 '가능성'을 계산하는 데 일가견이 있고 게임 참여자가 받게 될 모든 패의 '확률'을 정확하게 말해줄 수 있지만, 이는 철저하게 잘못된 상황 인식이다. 만약 여러분이 완벽한 패를 손에 쥔다면, 그 패는 여러분이 받을 수 있는 유일한 패였다. 그 밖에 다른 패가 나올 확률은 정확히 제로(0)이며 다른 확률은 무의미하다. (카드 섞기는 자연이 무질서해지는 방향으로 진행한다는 가정을 정성적으로 묘사하는 데에도 자주 사용된다. 만약 연쇄적인 결과의 99.999%가 무질서하다고 정의한다면, 카드를 섞으면 섞을수록 결과는 더욱 무질서하게 나타날 것이다. 그러나 과학자들은 무질서의 존재를 설명할 때 이런 유형의 정량적 사례를 제시하지는 않는다.)

수학적으로 볼 때 핼리데이와 레스닉의 '무질서도 매개변수' w는 항상 1이라는 값과 동일하다. 그리고 해당 계system가 미래에 현재의 상태로 남아 있을 확률은 항상 100%이다. 또한 '우연성'과 '발생 가능한 모든 상태'(CFD 상황 아래서)는 실제 상황과는 아무런 상관이 없는 단순한 허구적 관념에 불과하다. 기체 분자든, 카드든, 동전이든 대상은 문제가 되지 않는다. 실험을 할 때 우리가 얻는 측정치는 우리가 얻을 수 있는 유일한 결과이다. 기체 분자의 위치가 우연에 의해 결정된다는 주장은 옳지 않다. 동전의 앞면이 나올 확률과 뒷면이 나올 확률이 각각 50%라거나 주사위의 각 면이 나올 확률이 각각 1/6이라는 말도 틀리다. 결국 이 과학자들과 수학자들은 자연이 틀렸다고 계산해낸 것이다.

핼리데이와 레스닉이 제시한 등식에서는 볼츠만 상수 k와 대수 1을 곱한다. 이때 1의 자연로그는 0이므로, 엔트로피 S의 상수값은 0이다. 이를 보다 구체적으로 표현하면 다음과 같다.

$$S = 0$$

이는 '무질서'가 처음부터 아예 없었다는 뜻이다. 수학적 정의로 볼 때 무질서라는 개념은 물리적인 실재가 아니다. 왜냐하면 무질서라는 개념에서는 상수값이 항상 0이기 때문이다. 이는 어떤 계system가 현재 상태가 아닌 다른 상태로 존재할 수 있다는 개념에 기댄 과학적 상상이 만들어낸 허구일 뿐이다.

물론 '다른 상태로 존재했을 수도 있다.'는 CFD 가정이 열역학 제2법칙에 근거하기는 하지만, '다른 상태'라는 의심스러운 논리에서는 과학 자체가 아닌 과학 소설의 향기가 묻어난다. '무질서'와 '이용할 수 없는 에너지'가 모두 '엔트로피'라고 불리기는 하지만 여기에서 말하는 '무질서'와 '이용할 수 없는 에너지'는 같은 개념이 아니다. 내가 이 책에서 문제 삼는 것은 자연이 평형 상태로 나아간다는 가정처럼 실험적으로 증명할 수 있는 개념이 아니라, 자연이 무질서해진다는 개념이다.

과학자들이 실험을 통해 규칙을 검증하는 엄격하고 완고한 방법론에 대해 자부심을 가지고 있다는 사실에 비추어볼 때, '비현실'이 '현실'로 탈바꿈할 수 있다는 믿음이 과학의 핵심을 이루는 개념의 근거라니 모순이 아닐 수 없다. 다시 한 번 말하지만, 나는 클라우지우스의 업적에 근거한 엔트로피 공식의 본래 의미를 재평가해야 한다고 주장하고 있는 것이 아니다. 문제는 볼츠만을 필두로 한 과학자들이 엔트로피를 통계나 확률과 연결 지으려 했다는 점이다.

우리는 S=0이라는 공식이 자유의지 문제에 대한 수학적 해결책이라는 점에 주목해야 한다. 이 공식은 "당신은 미래에 영향을 미칠 수 없다."는 사실과, 어떤 계의 현재 상태는 그 계가 존재할 수 있는 유일한 상태라는 사실과(즉 발생 가능성과 실제 상황은 1:1로 상응한다.), 무작위성과 무질서가 0과 동일한 상수라는 사실을 말해준다. 여러분은 지금 이 순간 내가 쓴 책을 읽고 있기 때문에 다른 일을 하고 있을 수가 없다. 여러분은 다른 일을 하고 있을 수도 있었겠다고 생각하겠지만 그건 아니다. 다른 일을 했을 수도, 해야 할 수도, 하려 했을 수도 있다는 생각은, 오직 실제 상황만이 유일하게 발생할 수 있는 상황이라는 사실을 깨닫는 순간 완전히 사라진다.

과학자들 가운데에는 '동등한 확률'이라는 관점만이 유일하게 논리적이라는 어처구니없는 주장을 펼치는 이들도 있다. 또 실험을 통해 장기적으로 예상되는 상황을 검증했기 때문에 자신들의 상황 인식이 정당하다고 말하는 우스꽝스러운 사람들도 있다. 그러나 내가 제시하는 접근법은 합리성에 위배되는 부분이 없다. 출발점이 달라도 같은 결과에 도달할 수 있다는 원칙은 과학의 기초 원칙 가운데 하나이다. 실재의 세계에서는 무작위적으로 샘플을 채취했더라도 결국에는 무작위적이지 않은 결과가 나온다. 선택된 샘플은 선택될 수 있는 유일한 샘플이었으며 선택되지 않은 샘플은 선택될 가능성이 원래부터 없었다.

(특히 여론조사자나 경제학자, 사회학자, 생물통계학자, 보험 담당 임직원, 복권당첨 감독관 같은 사람들은 이런 점에 대해 알아둘 필요가 있을 것이다.) 카지노에서 주사위를 던지면 주사위가 '무작위적으로 반응'하여 여섯 개의 숫자가 나올 확률이 동등해진다고 생각하기 쉽다. 하지만 자연은 그런 식으로 작용하지 않는다. '신의 주사위에는 언제나 숨은 뜻이 있고' 확률과 통계는 그릇된 전제조건을 토대로 한다.

나는 실험도 해보기 전에 분자들이 닥치는 대로 움직이고, 입자들의 자리가 우연에 의해 결정되며, 어떤 사물이 이내 다른 곳으로 자리를 옮기리라 가정하고 자연을 바라보는 과학자들의 접근방식이 아주 의심스러웠다. 과학은 무질서도 자연의 일부라는 사고방식에서 출발한다. 그리고 그 이면에는 실험으로 증명된 사실이나 관찰을 근거로 한 형이상학적 추측이 존재한다. 그러나 우리는 동전을 던졌을 때 나오는 결과가 오직 하나뿐이라는 사실을 확실히 알고 있다. 그러므로 그들이 파악하고 있는 무질서란 존재하지 않는다.

여기에서는 과학자들이 그런 사고방식을 가지게 된 이유에 대해 더 깊이 파고들지 않겠지만, 나는 데닛이 그 이유를 확인했다고 생각한다. 만약 실제 상황이 유일한 가능성이라면 인간의 행동에 제약이 있다는 것이고, 사람들은 대부분 이런 주장에 반대할 것이다. 과학자들은 물론이거니와 자유의지를 부정하고 싶은 사람은 아무도 없다. 사람들은 스스로 미래를 개척할 수 있는 능력과 통제권을 원한다. 그리고 과학자들은 우연성과 상관없이 임의로 미리 결정되어 진정한 선택권이 없는 세계보다는 변덕스럽더라도 자유가 있는 우연성의 세계를 믿고 싶어할 것이다. 그렇기 때문에 그들은 자연이 기회와 우연에 대해 개방되어 있고 그 속에 자유의지가 존재한다고 말하고 싶어한다. 그래야만 스스로 자유의지가 있다고 믿을 수 있기 때문이다.

예컨대, 과학자들은 무작위적인 힘 대신 독단적인 창조자(또는 신)가 개입했기 때문에 지구상에 생명이 발생하는 '기적적인 우연의 일치'가 나타났다는 주장을 쉽게 인정하려 들지 않는다. 파인먼이 말한 것처럼, "자연은 실제로 정교하게 설계되어 있는 듯싶다. 그 때문에 현실 세계에서 일어나는 가장 중요한 일들은 수많은 법칙들이 우연히 복잡하게 얽혀서 발현되는 것처럼 보이기도 한다."[41] 파인먼과 동료 연구자들은 우주에 존재하는 놀라운 조화를 보았고, 일어날 것 같지 않은 사건들이 일어나는 이유가 우발적이고 변덕스러운 힘들 때문이라고 생각했다. 그러므로 그들이 인간의 힘을 한정 지을 수 있는 설계라는 개념을 거부해도 이상할 것은 없다.

가령, 과학자들은 손의 사용과 같은 진화의 핵심적 요소들이 '우연'에 의해 생겨났다는 주장을 전적으로 받아들인다. 파인먼은 좌측형 분자와 우측형 분자의 출현에 대해 논하면서 이렇게 말했다.

생명이 처음 생겨나기 시작했던 오랜 옛날, 우연히 발생한 어떤 분자가 스스로 증식하면서 진화가 시작됐다는 설명은 받아들이기가 쉽다. …… 그러나 우리는 최초에 발생했던 분자의 자손일 뿐이며, 최초의 분자들이 다른 방식 대신 현재에 이르게 된 방식으로 형성된 것은 우연이었다.[42]

여기에서 우리는 '받아들이기가 쉽다.'는 말에 주목해야 한다. 과학자들은 우연을 설명의 핵심적인 요소로 '받아들이기가 쉽다.'는 사실을 알게 되었다. 반대로 말하면, 설계라는 대안은 그들의 입맛에 맞지 않는 것이다. 과학자들은 통제하고 싶어하지만, 자신이 통제할 수 없다면 아무도 통제하지 않는 편이 낫다고 생각한다. 다시 한 번 말하지만, 과학자들은 통제하고 싶어하며, 자신이 통제할 수 없다면 아무도 통제하지 않는 편이 낫다고 생각한다. 어떤 이들에게는 우주가 처음부터 계획적으로 설계되었다는 주장보다 '무작위적인 변동'에 의해 우주가 생겨났다는 개념이 훨씬 더 편할 수도 있겠다. 그래도 만약 설계자가 있다면 어떨까? 그는 과학자보다는 나은 존재일까?

6장

양자론에 대한 광적 믿음의 실체

하이젠베르크와 보어가 주창한 종교에 가까운 철학은 아주 정교해서 진정한 믿음을 가진 이들이 쉽게 깨어나지 못하게 하는 부드러운 진정제 같은 역할을 하고 있습니다. 그러니 지금 당장은 그저 그대로 지켜보는 수밖에요.[43]

— 슈뢰딩거에게 보낸 아인슈타인의 편지 중에서, 1928년

앞장의 내용처럼 동전 던지기나 기체 분자의 움직임을 '우연'으로 보는 관점이 자연을 '근본적인 확률'의 관점에서 보는 양자론과 꼭 동일하다고는 할 수 없다. 파인먼은 분자의 운동에 대해 설명하면서 이렇게 말했다. (굵은 글씨는 그가 강조한 부분)

> 확률은 아주 복잡한 상황을 다루는 한 가지 방편이라는 점에서,
> 이런 문제에 처음 적용할 때 **'편리한 것'**으로 여겨졌다.[44]

과학자들은 분자나 주사위에서 최초의 조건에 대해 충분히 알면 실험 결과를 예측할 수 있다고 가정했다. 그리고 이는 예언과 실질적으로 같은 의미를 가진 고전적 결정론이 실제로 통용

되지는 않을지라도 여전히 유효하다는 의미였다. 하지만 양자역학 실험에서는 아원자적 수준에서 어떤 사건을 예측할 수 있는 가능성을 배제한다. 왜냐하면 입자의 위치를 특정한 자리로 지정하면 입자의 운동량이 불확실해지고, 마찬가지로 입자의 운동량이 불확실하다고 가정하면 입자의 위치를 특정한 자리로 정할 수 있다는 의미가 되기 때문이다. 달리 말하면, 단일한 입자의 운동은 원칙적인 관점에서조차도 예측이 불가능하다는 것이다.

또 파인먼은 양자적 발전에 대해 설명하면서 이렇게 말했다.

즉 미래는 예측이 불가능하다. …… 만약 모두가 생각했던 것처럼 물리학의 원래 목적이 앞으로 일어날 일을 예측하는 것이었다면 물리학은 어떤 의미에서 실패했다고 볼 수 있다.[45]

파인먼의 말은 다시 한 번 생각해볼 가치가 있다. 물리학자들은 양자 실험에서 나타나는 진폭이 아주 긴 파동을 개별적인 사건의 '확률'로 해석한다. 나는 물리학자들이 '나는 예측한다. 고로 나는 존재한다.'는 사고방식을 가지고 있기 때문에 그런 해석을 하게 된다고 생각한다. 물리학자라면 미래를 예측할 수 없고 다음에 무슨 일이 일어날지 알 수 없다는 사실을 인정하지 않고 무언가를, 아니 모든 것을 예측하려 들 것이다. 물리학자는 실험을 하면서 전혀 예측할 수 없는 유일한 실험 결과를 확인한다. 그러나 만약 각 전자가 다양한 방향으로 움직일 수 있고 전자의 활동이 '확률분포'의 지배를 받는다면, 예측이라는 본래의 목표를 사수하는 데 도움이 된다. 물리학자의 입장에서는 "전자가 어느 구멍으로 들어갈지는 알 수가 없다."고 말하는 것보다는 "전자가 A라는 구멍으로 들어갈 확률은 50%이고 B라는 구멍으로 들어갈 확률도 50%이다."라고 말하는 편이 훨씬 더 수월하다. 결국 물리학자는 자신이 결과를 예측할 수 없다는 사실을 절대 인정하려 들지 않는 것이다.

하지만 우리의 관찰력과 예측 능력에는 20세기 초의 물리학자들이 전혀 생각하지 못했던 근본적인 한계가 있다. 그러므로 우리의 능력으로는 "소립자들은 자유로운 양자를 하나씩 가지고 있다."[46]는 B. K. 리들리의 주장이나, "모든 사건의 배후에는 확률이 있다. 확률은 물리학의 기본 법칙이다."[47]라는 파인먼의 주장을 뒷받침할 수가 없다. 물리학자들의 무지가 자연의 무작위성과 아무런 상관이 없듯이, 인간이 어찌할 수 없이 불확실성을 안고 산다고 해서 자연이 본질적으로 무작위적이라고 할 수는 없다. 양자역학에 대한 코펜하겐 해석*을 지지하는 사람들

---

* **코펜하겐 해석Cophenhagen interpretation** | 입자들이 파동함수의 형태로 존재하며, 파동함수가 입자의 특정한 상태에서 발견될 확률을 알려준다는 해석. 코펜하겐 해석에서는 이러한 입자를 측정하면 파동함수가 가능한 여러 상태 중 하나로 붕괴하고, 이러한 붕괴가 객관적으로 볼 때 확률적이라고 정의한다. 즉 코펜하겐 해석에서는 이러한 확률적 과정이 겉보기에 우연히 일어날 뿐 아니라 실제로도 우연이라고 본다.

은 '우연'과 '확률'이 아원자 세계를 지배한다는 주장을 펼치기 위해 하이젠베르크의 불확정성 원리**를 인용하곤 한다. 그러나 이 원리가 우리에게 알려주는 것은 어떤 대상의 정밀도를 무한대로 측정할 수 없다는 사실이다. (고전물리학자들이 이 원리를 접했을 때 놀랐던 이유는, 그들이 어떤 대상을 무한대로 예측할 수 있다고 생각했기 때문이다.)

세월이 흐르면서 코펜하겐 해석에 대해 반대 입장을 표명한 학자들도 생겨났다. 그 가운데 대표적인 인물로는 아인슈타인, 막스 플랑크, 루이 드 브로이, 데이비드 봄 등이 있다. 대체로 이 물리학자들은 전통적인 결정론과 무제한적인 예측이 가능하다는 주장을 고수하려 했다. 그러나 그런 소망은 비현실적이다. 하이젠베르크의 불확정성 원리가 버티고 있는 한, 예측 가능성을 열어주는 '숨겨진 변수'는 있을 수 없다. 뉴턴 신봉자들이 주장하는 예측 가능성은 아원자 수준에서 막다른 골목에 도달했다. 하지만 세계에 '완벽한 자연법칙'이 있다는 아인슈타인의 주장은 결국 옳았다. 아인슈타인이 말년에 막스 보른에게 보

** **하이젠베르크의 불확정성 원리The Heisenberg uncertainty principle** | 양자역학의 기본적인 원리 중 하나로 입자의 위치와 운동량을 모두 정확하게는 알 수 없다는 원리. 양자역학에서는 한 현상을 설명할 때 어느 범위 내에서는 입자의 측면에서 보고, 다른 범위 내에서는 파동의 측면에서 본다. 여러 물리적 양을 측정한 결과가 반드시 확정된 값을 갖는 것이 아니며, 서로 다른 여러 값이 각각 정해진 확률을 가지고 얻어진다는 것이다.

낸 편지는 흥미롭다.

> 양자론이 처음에 엄청난 성공을 거두었다고 해도 나는 세계가
> 근본적으로 주사위 놀이 같은 우연을 토대로 이루어졌다고 생
> 각하지는 않습니다. 물론 젊은 동료 학자들이 이런 나를 노망 난
> 늙은이로 여긴다는 것도 아주 잘 알고 있습니다.[48]

아인슈타인은 양자역학이 '여전히 비현실적'이라고 확고하게
믿었기 때문에 동료 과학자들에게 상당한 비난을 받았지만 그
는 옳았다. "양자역학은 많은 것을 말해주지만 우리를 오랜 비
밀의 세계에 조금도 가까이 데려가주지는 못한다. 적어도 나는
그가 주사위 놀이를 하고 있지는 않다고 확신한다."는 그의 말
에는 놀라운 직관력이 담겨 있다.

통계 양자역학의 '효용성'에 대해 논하려면 톨먼에 대해 다
시 생각해봐야 한다. 그는 "연구 방법에는 통계학적 특성이 있
기 때문에 다양한 확률의 선험적 가능성에 대한 몇 가지 가설에
바탕을 두고 연구를 진행해야 한다."[49]고 주장한다. 이러한 가정
과 열역학적 관점에서 톨먼이 언급한 내용 사이의 관계는 명확
하며, 그는 둘 사이의 유사점에 대해 장황하게 설명했다. 고전
물리학에서와 마찬가지로 양자역학에서도 '동등한 가능성'이나
'우연성'에 대한 해석에는 실질적인 증거가 없다. 즉 양자역학은
그저 처음부터 용인된 가설에 불과하다는 것이다. 그러나 자연

이 본디 불확실성에 근거한다는 이러한 가설은 오류로 밝혀졌다. 우리는 기억을 이용하여 미래가 이미 결정되어 있다는 사실을 알 수 있다. 자연은 어떤 일이 일어날지 알고 있으며, 미래는 모든 가능성에 대해 열려 있지 않다. 전자들은 전혀 자유롭지 않다. 동일한 양자 실험을 장기적으로 반복할 때 다양한 실험 결과가 나타난다는 것은, 다음 번 실험에서는 다른 결과가 나올 수 있다는 뜻이다. 그리고 이것은 우연성이 작용하지 않는다는 뜻이기도 하다. 모든 장기적 확률(파동)을 보여주는 파동함수는 측정 시 붕괴된다고 한다. (즉 가능성이 실제로 전환된다.) 그러나 이러한 파동함수는 장기적인 파동에만 적용할 수 있을 뿐 개별적인 사건에는 적용할 수 없다. 하지만 이 같은 장기적인 결과와 단일 사건 사이의 중대한 차이점을 대부분의 물리학자들은 그럴듯하게 얼버무리고 있다. 톨먼과 달리 물리학자들은 대개 자연이 '근본적으로 확률에 근거한' 방식으로 진행된다는 가정을 너무도 쉽게 '사실'로 비약해버린다.

양자적 접근법을 보면, "지도는 실제 땅이 아니다."[50]라고 했던 알포드 코르지프스키의 말이 생각난다. 장기적인 예측에 관한 한 양자 지도는 자연에 대해 통계적인 접근법을 취할 수밖에 없다. 왜냐하면 누구도 독립적인 사건을 예측할 수는 없기 때문이다. 파동함수는 오랜 시간에 걸쳐 일어날 일을 알려준다는 점에서 일종의 지도와 같은 역할을 하지만 각 사건에 대한 자세한 정보를 알려주지는 못한다. 즉 단일한 사건에는 파동함수를 적용할 수 없다. 결국 파동함수로 사건의 발생 빈도를 측정할 수는 있지만 그 사건이 일어날 확률을 측정할 수는 없다는 것이다. 확률은 자연의 특성이 아니다. 현실 세계에서 한 판의 주사위 게임에 카지노 영업장 전체를 걸 라스베이거스 카지노는 없다. 대신 카지노는 상당히 정확한 장기적 데이터를 확보하고 있으며 돈벌이에 그 정보를 이용한다. 그러나 이 정보는 확률에 대한 정보가 아니라 빈도에 대한 정보이다.

최근에 나는 물리학자 나단 스필버그와 브리온 D. 앤더슨이 하이젠베르크의 불확정성 원리에 관해 언급했던 내용을 보고 경악을 금치 못했던 적이 있다. 그들은 『우주를 뒤흔든 일곱 가지 과학혁명 *Seven Ideas That Shook the Universe*』이라는 책에서 이렇게 기술했다.

> 실증주의적 관점에서 볼 때, 만약 우리가 어떤 대상을 측정할 수 없다면 그 대상에 대해 알거나 예측할 수 없으며, 대자연 역시도 그 대상에 대해 알거나 예측할 수 없다.[51]

그들은 이 외에도, "자연은 전자들이 어디로 갈지조차도 모른다."는 구절을 자주 사용했다. 이 대단한 선언에 대해 잠시 생각해보자. 이 실증주의자들은 우리가 무지하기 때문에 자연도 무지해야 한다고 말하고 있다. 이것은 도대체 무슨 논리인가? 이처럼 불합리한 추론이 또 있을까? 미래에 대한 인간의 어쩔 수 없는 무지가 어떻게 자연의 무지라는 결론으로 이어진 것일까? 과학자들이나 과학자가 아닌 사람들이나 자기중심적인 사고방식과 과학적 오만에 빠져 있기는 마찬가지다. 이런 사례가 그저 극단적인 예외에 불과하기를 바랄 뿐이다. 우리가 안고 있는 불확실성을 자연으로까지 확대 해석하여 자연도 우리처럼 불안정하다고 말할 수 있는 정당한 근거는 없다. (프로이트가 살아 있다면 과학 자체와 과학자들에 대한 재미있는 심리학적 분석 결과를 많이 발표했을지도 모르겠다.) 이는 마치 "만약 우리가 장님이라면, 자연도 장님이어야 한다. 불확실성은 공통적인 특성이다."라고 말하는 것과도 같다.

이런 사고방식은, "자연은 인간의 강력한 지성이 발견하지 못하도록 근원적인 비밀을 잘 숨겼어야 했다."[52]고 말했던 에딩턴 같은 과학자들의 발언을 떠올리게 만든다. 과학자들은 대자연이 자신들보다 현명하지 못하다는 믿음을 암묵적으로 가지고 있는 듯하다. 그들은 자신들이 자연보다 뛰어나다고 생각하고 싶어한다. 과학자의 주변 사람들은 과학자들이 일차적인 연구목표, 즉 자연을 통제하고 지배한다[53]는 목표를 추구할 때 그들이 얼마나 거만하고 젠체하는지를 누구보다 잘 알고 있다. (와이오밍 주립대학 공대 건물에는 '정진하라 — 자연에 대한 인간의 지배력은 주어지는 것이 아니라 쟁취하는 것이다.'라는 문구가 새겨져 있다.)

실증주의자들은 실험을 통해 직접적으로 증명하지 못하는

과학적 주장은 무의미하다고 여긴다. 이런 관점이 어떤 면에서 좋은지는 모르지만, 실증주의자들이 자신들의 가정을 면밀히 검토해보지 않았다는 것만은 분명하다. 초자연현상 과학조사 위원회CSICOP(Committee for the Scientific Investigation of Claims of the Paranormal)가 자신들을 포함한 여러 주류 과학자들의 조잡한 사조와 그릇된 논리를 확인하는 데 실패했다는 사실도 좋은 사례이다. 버팔로 대학과 캘리포니아 공대에 근거지를 마련한 이 과학자 집단은 지적설계론*이나 창조론, 영매, 피라미드, 망자와의 대화, 초감각적 지각력, UFO, 스푼 구부리기 같은 이른바, '가짜 과학'에 맞서는 '과학 군단'을 자칭한다. 이들은 대개 광신도적 비주류 집단같이 비교적 쉬운 목표물을 사냥한다. 하지만 이들이 순수한 가정을 사실로 호도하는 엉터리 과학자들을 공격해준다면 얼마나 좋을까. 예를 들어, 정설로 통하는 마이어의 다윈론 수호 이론[54](다섯 가지 사실과 세 가지 추론으로 이루어져 있음.)에서는 변이가 나타나는 이유에 대한 의문을 자의적으로 무시하고 있다. 이 책의 앞부분에서도 살펴봤지만 마이어는 변이가 우연에 의해 발생한다고 가정한다. 하지만 이는 순전히 억측일 뿐이다. 그럼에도 불구하고 그가 제시한 사실과 추론들은 다윈론의 완벽한 논리와 정당성을 입증해주는 이론으로 정평이 나 있다.

---

* **지적설계론Intelligent design** | 우주와 만물을 지적인 존재가 창조했다는 가설.

나는 확고한 증거를 그토록 중시하는 세이건이 전혀 증거
가 없고 추측만을 기초로 활동하는 지적 외계생물체 탐사대
SETI(Search for extraterrestrial intelligence)의 수장 가운데 한 사람
이라는 사실이 크나큰 모순이라고 생각한다. 만약 우리가 우연
이 아닌 계획에 의해 여기에 존재한다면, SETI를 창설한 프랭
크 드레이크가 인간과 교신할 수 있는 지적 생명체의 수를 계산
해내기 위해 만든 드레이크 방정식의 기반이 되는 확률주의적
인 사고방식은 실패로 막을 내릴 것이다. 내가 보기에는 SETI
의 노력이 아무리 고상하고 그들이 아무리 천문학적인 돈과 시
간과 노력을 기울여도 외계인이 독자 여러분의 집으로 전화를
걸어줄 확률은 거의 없다. 외계인의 경천동지할 전화를 간절히
기대하며 구축한 국제적인 '핫라인'은 벌써 수십 년째 감감무소
식이다.

실증주의적 접근법이 오랫동안 과학을 이끌었다는 사실에
비추어보면, 대다수의 과학자들이 실험을 통해 자연의 '근본적
인 무작위성'을 발견했다고 잘못 생각하는 것도 당연하다. 여담
이지만 이쯤에서 짚고 넘어가야 할 얘기가 하나 있다. 아인슈타
인은 상대성이론과 함께 실증주의를 과학의 세계에 도입한 인
물이다. 하지만 후에 그는 자신이 초기에 도입했던 접근법을 폐
기했다. 어느 날 한 친구가 아인슈타인에게, 그가 과학에 실증주
의를 도입했다는 사실을 언급하자 그는 이렇게 답했다고 한다.
"이 사람아, 재미있는 농담도 너무 자주 하면 재미가 없는 법이

라네."[55]

실험을 통해 자연의 근본적인 확률적 특성을 증명할 수 있다는 잘못된 생각을 가진 과학자들은 많다. 가령, 호킹은 이렇게 말했다. "신이 상습적인 도박꾼이고 틈날 때마다 주사위를 던진다는 증거는 도처에 널려 있다."[56] 프리츠 로어리히는 프랑스 과학자 알랭 아스페가 1980년대 초반에 시행한 개척적 양자역학 실험에 대해 논하면서 이렇게 기술했다. "양자역학의 확률적 특성은 이제 새롭고 강력한 실험적 지지 기반을 얻게 되었다." 그는 또한, 하나의 실험에 대한 '여러 가지 가능한 결과들'에 대해 언급하며 이렇게 말했다. "이 결과들 가운데 어떤 결과가 나타날지는 확률분포로 정확하게 알 수 있다."[57] 로어리히는 이런 자신의 상황 인식이 실험적으로 증명할 수 없는 가설에 근거한다는 사실을 몰랐으며 관심도 없었음이 분명하다. 다른 수많은 과학자들처럼 로어리히 역시 자연에 공통적으로 똑같이 발생하는 사건이 있고, 만사가 다른 방식으로 발생했을 수도 있다는 CFD적인 생각을 받아들였지만 그 핵심에 대해서는 전혀 모르고 있었다. 실험을 통해 알 수 있는 것은 빈도이지 확률이 아니다.

최근 브라이언 그린이 「불확실성의 100년 *One Hundred years of Uncertainty*」이라는 제목으로 『뉴욕 타임스』에 기고한 특집 기사에는 이런 말이 나온다.

양자역학적으로 계산하면 전자가 존재할 수 있는 다양한 위치의

대략적 확률을 알 수 있다. 예를 들어, 어떤 전자가 A라는 지점
에 존재할 확률은 13%, B에 존재할 확률은 19%, C라는 세 번째
위치에 존재할 확률은 11%라는 식으로 계산이 가능하다. 결정
적인 사실은 이런 예측을 검증할 수 있다는 것이다.[58]

그러나 불행히도 이 맥락에서 그린이 주장한 검증 가능성(소위,
과학의 근간)은 완전한 오류이자 오해이다. 전자가 어떤 한 위
치에 존재할 가능성과 또 다른 위치에 존재할 다른 가능성을 예
측하려면 개별적인 실험을 해야 하지만 그런 실험은 시행할 수
가 없다. 우리가 알고 있듯이, 측정을 통해 얻을 수 있는 결과는
유일한 하나뿐이다. 여기에 확률을 적용할 수 있다는 개념을 뒷
받침할 근거는 전혀 없다.

물리학자들은 자신의 실험에 의미를 부여하고 싶어한다.
그러나 그들은 다음번 실험에서 장기적으로 나타나는 다양한
위치 결과들 가운데 전자가 어느 한 위치를 선택할 수 있는 자
유를 가지고 있다는 사실을 증명할 수 없다. 그들은 자연이 주
어진 상황에서 다르게 반응할 수도 있었다는 자신들의 주장을
증명할 수가 없다. 그린의 예측이 실험에 근거한다는 주장을 고
수하는 한, 물리학자들이 예측할 수 있는 부분은 장기적인 결과
일 뿐 개별적인 실험에 대한 결과는 아니다. 우리는 그린의 말
에서 이러한 사실을 분명히 알 수 있다. 그는 이렇게 말했다.

동일한 조건을 가진 방대한 원자 샘플을 준비하고 각 원자에 속한 전자의 위치를 측정한 뒤, 한 위치나 또 다른 위치에서 전자를 발견하게 되는 횟수를 계산해본다. …… 만약 양자역학이 옳다면, 측정을 통해 어느 한 위치에서 전자를 발견하게 될 확률은 13%이고 다음 위치에서 전자를 발견하게 될 확률은 19%, 세 번째 위치에서 전자를 발견하게 될 확률은 11%가 돼야 한다. 이런 결과를 얻는다면 실험을 아주 정확하게 진행한 것이다.[58]

양자역학 측정은 여러 번 측정한 실험 결과에 근거하며, 이 측정을 통해 우리는 빈도분포에 대한 정보를 알 수 있다. 그러나 확률(전자가 어떤 장소에 위치할 확률)은 다음번에 일어날 결과에 대한 것이며, 앞서 언급한 대로, 어떤 경우에든 확률이 이 같은 실험적 상황과 관련이 있다는 증거는 전혀 없다.

그린은 또 이렇게 기술했다.

확고한 경험과 인식의 세계, 단일하고 명확한 실재가 명쾌한 확실성을 가지고 전개되는 그 세계가, 흐르는 모래와도 같은 양자적 확률에 의존할 수 있을까? 그렇다. 가능하다. 그 증거는 명백하고 실질적이다.[58]

그린은 톨먼의 글을 읽어보지 못했거나 톨먼의 말을 이해하지 못했음이 분명하다. 톨먼은 이렇게 말했다.

연구 방법에는 통계학적 특성이 있기 때문에 다양한 확률의 선
험적 가능성에 대한 몇 가지 가설에 바탕을 두고 연구를 진행해
야 한다. …… 고전적인 사례에서처럼 통계역학이 효용성을 발
휘할 수 있도록, 이 책의 목적에 맞게 양자론에서 통용될 수 있
는 통계역학을 채택했다.[59]

톨먼은 단일한 사건의 확률에 대한 관한 가정을 '증거 없이' 추
측했다는 사실을 아주 명확하게 말하고 있는 셈이다. (앞에서
언급했듯이, 그는 두꺼운 글씨 부분을 특히 강조했다.) 이러한
가정(추측, 가설, 전제)은 증명된 바가 없음에도 불구하고 자명
하고 당연한 것으로 받아들여지고 있다. (관심 있는 이는 가정,
추측, 가설, 전제 같은 용어에 대한 정의를 찾아보기 바란다.) 자
연이 본질적으로 확률이나 무작위성의 지배를 받는다는 실질적
인 증거는 어디에도 없다.

　일상적 경험의 세계가 '흐르는 모래와도 같은 양자적 확률
에 의존할 수 있다.'는 자신의 견해를 정당화하기 위해 그린이
찾았던 '명백하고 실질적인' 증거가 무엇인지 나는 모르겠다. 그
러나 그린이 장기적인 결과와 개별적인 사건의 결과를 마구잡
이로 뭉뚱그려 상황을 판단했다는 사실만은 분명한 듯싶다. 그
린은 정확한(장기적인) 양자적 예측이 개별적 실험에 대한 물
리학자의 관점을 정당화한다고 생각했다. 그러나 이런 관점의
토대는 가정과 가설과 믿음일 뿐, 실험과 검증과 측정은 아니다.

그린이 말하는 소위, '증거'는 논리적인 기준에서 볼 때 함량 미달이며, 실험에 대한 재판이 있다면 조롱거리가 될 지경이다. 변호사이자 작가였던 얼 스탠리 가드너의 추리 소설 속 변호사인 페리 메이슨이 있었다면, "이의 있습니다! 존재할 수 없는 증거이므로 채택할 수 없습니다."라고 소리라도 질렀을 판이다. 그러면 아마도 페리 메이슨의 정적인 해밀턴 버거는 언제나처럼 허둥거렸을 것이다.

그린이, "결정적인 사실은 이런 예측을 검증할 수 있다는 것이다."라는 글에서 사용했던 '결정적crucial'이라는 형용사에 대해 생각해보자. '결정적'이라는 말에는 두 가지 정의가 있다.

정의 1) 지극히 중요함, 위기 해결에 절대적으로 중요함.

　용례 1) 경력에서 결정적인 순간

　용례 2) 결정적 전자

　용례 3) 여성에게 결정적인 문제

　동의어) 중요한

정의 2) 가장 중요함.

　용례 1) 군비 축소라는 결정적인 문제

　용례 2) 결정적 정보

　용례 3) 체스에서는 냉정함이 결정적인 요소이다.

　동의어) 가장 중요한, 필수적인, 본질적인

물론 물리학자들에게는 자신들의 예측을 검증할 수 있다는 생각이 '지극히' 또는 '가장' 중요하다. 그럴 수 없다면 자신들이 형이상학이나 단순한 철학에 매달리고 있다는 사실을 인정하는 꼴이 되기 때문이다. "어떻게 생각하느냐고요? 생각해본 적도 없습니다만." 내게 철학을 가르쳤던 휴스턴 스미스 교수의 서글 픈 일화를 기억할지 모르겠다. 물리학자들이 가장 별 볼일 없다고 생각하는 것은 검증할 수 없는 이론과 추측이다. 물리학자의 입장에서는 스스로가 실험에 근거한 확실한 사실만을 다루고 있다고 생각해야만 자존감과 콧대 높은 서열 의식을 지켜낼 수 있다. (그렇지만 끈이론에 대해서는 논하지 말기로 하자. 최근 리 스몰린과 피터 보이트[60]는 끈이론 추종자들의 비과학적이고 검증 불가능한 주장을 꽤나 강하고 심도 있게 비판했다.)

하지만 다음번 실험에서 전자가 수없이 다양한 방향으로 튈 수 있다는 물리학자들의 주장을 검증할 수 없다는 사실은 분명하다. 세이건은, "검증이 불가능하고 긍정도 부정도 할 수 없는 주장은 별로 가치가 없다."[61]고 말했다. 나라면 그렇게 단정적으로 말하진 않겠지만 그린이 언급한 양자적 예측에는 그의 주장을 쉽게 적용할 수가 있다. (그린은 양자론의 초기 개념을 단순하게 반복하고 있을 뿐이다.) 자연을 통계학적으로 예측할 수 있다고 주장한 것은 어찌 보면 잘한 일일 수도 있지만, 그는 '우주가 확률적으로 진화한다.'는 그릇된 관점을 조장하는 우를 범했다. 물론 일반인들은 정확한 장기적 통계학적 예측이 개별적인 양자적 사건들의 본질적 확률성을 보여준다는 주장의 진위를 깨닫지 못할 수도 있다. 하지만 그린은 세계에서 가장 잘 알려진 물리학자 가운데 한 사람이고, 그의 글이 실린『뉴욕 타임스』를 읽은 대다수 독자들은 자연의 무작위성에 대한 그의 주장을 액면 그대로 받아들일 수 있다.

확률이론은 양자론 초기부터 대두된 주장이며 그린과 동료 학자들은 그 이론의 바탕이 되는 가설들을 언급하지 않았기 때문에, 부정확한 정보를 전달하고 혼란을 야기한 그린과 동료 학자들에게 면죄부를 줄 수 있다고 생각하는 사람도 있을 수 있다. 곰곰히 생각하지 않아도, 동전을 던지면 '어떤 일이 일어날까.'라는 정성적이고 초등학생 수준의 개념으로부터 '앞면과 뒷면이 나올 확률은 똑같이 반반이다.'라는 대학생 수준의 주장에 도달하는 일은 그리 어렵지 않다. 내가 그린을 비판하는 이유는 그가 가설을 도입했기 때문이 아니라 가설을 마치 실험을 통해 검증한 사실인 양 호도했기 때문이다. 그는 자신이 도입한 가설을 '수십 년에 걸쳐 공들인 실험'의 결과라고까지 주장했다. 자연이 본질적으로 무작위적이라는 주장을 증명한 실험은 세상 어디에도 없다. 지금까지 내가 만나본 수많은 과학자들은 확률에 대한 가설과 관찰 결과를 구분하지 못했다. 그들은 자신들의 측정치에 얽매여 논리적인 오류를 간과해버리고 만 것이다.

거듭 강조하지만, 양자역학적 예측은 대자연이 확률에 의존한다는 주장을 뒷받침하는 증거가 절대 될 수 없다. 양자역학을 통해 장기적인 관점에서 정확한 예측을 할 수는 있지만 개별적인 사건에 대한 정보는 알 수가 없다. 물리학자들이 자신들의 예측을 검증하고 있다는 주장은 순전히 상상이다. 앞으로 일어날 일을 '확률'로 알아낼 수 있다는 믿음, 본질적 무작위성과 확률에 대한 믿음은 단순한 가정에 불과하다. 허버트를 비롯한 학자들이 언급한 것처럼, 물리학자들은 일반적으로 수학적 계산이 가능하면 다른 부분은 고려할 필요가 없다고 생각한다. 최근에 나는 MIT의 학풍이 '잔인하게 경쟁적'이라는 기사를 읽었다. 그러나 내가 학부생일 때는 심오한 사고보다는 대부분 암기와 단순한 문제해결 위주로 배움이 이루어졌고, 나심 니콜라스 탈레브*가 『블랙 스완 *The Black Swan*』에서 참된 지적 호기심에 대해 기술하며 말했던 '학식'[62]은 전혀 우선적인 고려사항이 아니었다. MIT 같은 교육기관에서 포괄적이고 자유로운 학문적 훈련이 이루어지리라 기대하는 사람은 아무도 없겠지만 기본적인 원칙들에 대한 검증도 없이 너무 편협하게 교육을 몰고 가면 자연이 실제로 우리에게 일러주는 사실들을 잘못 받아들이게 될 수도 있다. 난제를 해결하고 실험 결과에 그럴듯한 해석을 끼워 맞춘다고 해서 반드시 지식이나 이해의 폭을 넓힐 수 있는 것은 아니다.

---

* **나심 니콜라스 탈레브Nassim Nicholas Taleb(1960-)** | 철학자, 역사가, 수학자이자 월가의 현직 투자가.

더욱이, 한 번의 동전 던지기나 개별적인 양자적 사건의 결과가 하나뿐이라는 관점은 직관적 관점이나 확률적인 관점에서 모두 분명한 사실이다. 우리가 예측할 수 있는 것은 장기적인 결과뿐이라는 사실을 기억하기 바란다. (앞서 말했듯이, 한 판의 주사위 게임에 영업장 전체를 걸 카지노가 없는 것처럼, 어떤 과학자도 다음번에 일어날 일을 예측할 수는 없다.) 이는 곧, 우연성에 대한 수학적 이론과 관찰 결과가 일치한다 해도 나처럼 무작위성을 부인하는 이들에게는 큰 의미가 없다는 뜻이기도 하다. 가설이 부정확해도 정확하고 유용한 예측이 가능하다는 사실은 과학계에 이미 널리 알려져 있으며 양자역학도 이런 부류의 가설에 속한다. 장기적인 과학적 예측이 정확하다고 해서 단일한 사건에 대해 진정으로 이해할 수 있는 것은 아니다. 문제는 예측 자체가 아니라 예측의 근간이 되는 관점이나 철학적 견해이다. 내 주장이든, 과학적 가정이든, 실험으로 진위 여부를 가릴 수 없기는 마찬가지다.

우연성을 증명할 수도 있다는 생각을 전적으로 수용하는 이라면 내 의견에 이의를 제기할 수도 있겠다. 그러나 이미 일어난 결과는 발생할 수 있는 유일한 결과였으며, 우연성에 집착한다는 것은 다른 결과가 발생했을 수도 있었다는 사실을 믿는다는 의미라는 점에 대해 다시 한 번 생각해보기 바란다. 나는 현실적이고, 실질적이고, 눈으로 확인할 수 있는 결과만이 유일한 가능성을 가진다고 믿는 사람이다. 그러나 다른 과학자들은 비현실적이고, 가상적이고, 이론적인 상태를 다루면서 그러한 상태가 가능하다고 말한다. 그들은 확률로 모든 우연을 설명하며, A라는 사건이 실제로 일어났음에도 불구하고 B라는 다른 상황이 벌어졌을 수도 있다고 주장한다. 이는 이미 앞면이 나와버린 동전을 두고 뒷면이 나왔을 수도 있다고 말하는 것이며, 6이 나온 주사위가 1이나 2, 3, 4, 5였을 수도 있다고 말하는 것이나 다름없다. 그들은 왼쪽으로 방향을 잡아버린 전자가 오른쪽으로 갔을 수도 있다고 강변한다. 지금 과학에는 우발성, 무작위성, 우연성, 행운, 가설이 난무하고 있다.

그렇다면 과연 누가 옳은가? 솔직히 여기에는 의심의 여지가 없다고 생각한다. CFD는 Contra-Factual Definiteness의 약자이며, 이는 사실과 반대되는 가정의 한정성을 뜻한다. 다시 말하면, CFD는 사실이나 실제의 반대적인 개념이다. 사실과 관찰 결과(세이건을 기억하기 바란다.)를 중심으로 생각한다면 '다른 식으로 발생했을 수도 있었다.'는 개념은 빛을 잃어버린다. 왜냐하면 이런 가정은 단순한 추측이자 사족에 불과하기 때문이다. 과학적 이상을 추구하는 관점이 대단히 비현실적이라는 사실에 대해서는 대다수의 독자들이 공감하리라 생각한다. 왜냐하면 이런 관점은 실제로 일어난 일을 부정하려 들기 때문이다. 우리는 언제나 이미 발생한 과거를 기반으로 존재하며 아직 일어나지 않은 미래의 상태나 실재를 부정하는 경험은 할 수가 없다. 내가 아는 한, CFD적인 방식을 거부하는 나의 접근법은 더

없이 단순할 뿐만 아니라 비현실적인 가정을 하지 않는다는 점에서, 어떤 사항을 설명하기 위한 가설의 체계는 간결해야 한다는 오컴의 면도날Occam's razor 원리에도 부합한다. 비현실적 가정이라는 고통의 상자를 열어젖혀버리면, 상상과 공상이 어디로 치달을지조차도 알 수 없게 된다.

'남의 돈 천 냥이 내 돈 한 냥만 못하다.'는 속담에서 우리는 실제 상황과 발생 가능성 가운데 과연 무엇이 중요한지를 깨달을 수 있다. 한 냥과 천 냥의 비교에서 수학은 아무런 의미가 없다. 중요한 것은 전혀 다른 두 가지 상태를 비교한다는 사실을 깨닫는 것이다. 둘 중 하나는 사실이고 다른 하나는 상상일 뿐이며, 두 가지 가운데 우선권은 사실에 있다. 이는 주차장에서 목적지에 더 가까운 자리를 찾기 위해 멀리 있는 빈자리를 외면했다가 비어 있으리라 예상했던 자리와 실제로 비어 있었던 자리를 모두 다른 운전자들에게 빼앗기는 경우와도 같다. 그럼에도 불구하고 빈자리를 차지했다면 주차 실력이 이만저만 출중한 게 아니겠지만 말이다.

사람들은 왜 실제 현실과 다른 '상상 속 현실'이나 '가상세계', '운명의 갈림길', '평행우주' 같은 이야기를 믿게 될까? (나는 공상과학 소설에서나 나옴직한 브레인*이나 다중우주로 들

---

* **브레인brane** | 일반상대성이론에서 말하는 3차원 공간과 시간 외에 막膜(brane)의 형태로 된 제4의 공간, 즉 브레인 세계(braneworld)가 있다는 개념으로, 이 이

어가고 싶은 마음이 전혀 없다. 폴 데이비스는 이렇게 말했다. "다중우주이론이 점점 더 인기를 끌고 있지만 그 이론으로 물리학 법칙 전체를 설명하기에는 역부족이다."[63] 내가 최근에 읽는 현대 물리학 비평 글에서, 그 저자는 상상을 통해 어디에 도달하는지가 중요한 것이 아니라 대자연이 우리에게 무엇을 말하고 있는지를 깨닫는 것이 중요하다고 말했다. 다른 세계를 수만 번 상상하기는 쉽고(세이건 시대 이후로 다른 세계에 대해 상상하는 이들은 헤아릴 수 없을 정도로 많아졌다.) 상상 속 세계의 모습은 사람의 수만큼이나 다양할 수 있지만, 이런 추측을 뒷받침할 실질적인 증거는 없다. 오늘날 물리학계에서는 이런 추측들이 대유행이고 많은 이들이 추상적인 수학적 계산이나 공상에 몰두하고 있다. 하지만 이를 증명할 실험적 증거는 단 하나도 없다. 내가 코펜하겐 해석 추종자들의 코를 납작하게 만들 만한 실험적 증거를 그들보다 더 많이 내놓을 수는 없을지도 모른다. 하지만 한 가지 분명한 점은, 적어도 나는 실제로 일어나지도 않고 관찰할 수도 없었던 가정을 토대로 가설을 세우지는 않았다는 사실이다. 나는 CFD에 의존하지 않으며 다른 과학자들처럼 비현실적인 가정을 신봉하지도 않는다.

론은 미니 블랙홀을 발견하면 검증된다고 알려져 있다. 이 이론에서는 눈에 보이는 우주가 더 큰 우주에 박혀 있는 일종의 막이며, 이 막에는 빅뱅에서 나온 미니 블랙홀들이 빽빽하게 박혀 있다고 주장한다.

아인슈타인과 동료 연구자들이 설파했듯이 슈뢰딩거의 고양이 문제에 대한 해답은, 문제 자체가 틀렸다는 것이다. 이 문제는 성립 자체가 안 된다. 왜냐하면 자연 상태에는 문제에서 제시하는 실험 환경이 존재하지 않기 때문이다. 문제에서 주어진 시간 조건 아래 50:50 확률로 방출되는 알파입자 같은 것은 존재하지 않는다. 우리는 알파입자가 어디로 튈지 알 수 없다. 그러나 미래는 우연성에 의존하지 않고 완벽하게 미리 결정되어 있다. 최근 실험에서 일부 원자들이 시계방향과 반시계방향으로 동시에 회전할 수도 있음을 암시하는 결과가 나오기는 했지만, 그렇다고 원자가 양쪽으로 동시에 회전하는 모습을 측정해낼 수 있는 것은 아니다. 원자의 회전 방향이 불확실한 이유는 우리가 무지하기 때문이지 실험 상황과는 무관하다. 불확실성은 자연이 아니라 인간에게 있다.

아이빈트 H. 비츠만은 『양자물리학 *Quantum Physics*』에서 양자 현상에 대한 전통적인 견해를 정리하며 이렇게 말했다.

우리의 관점에서 볼 때 어떤 한 계system에서 일어나는 열운동의 중요한 특징은 그 열운동이 무작위적이라는 것이다. 관찰에 의하면, 이는 계의 움직임에 우연성이라는 요소가 분명히 존재함을 보여주는 특징이다. 이처럼 무작위적인 열운동은 순수한 양자역학 교향곡의 잡음이라고 할 수 있다. 그리고 때로는 이 잡음이 너무 커서 음악 소리가 들리지 않는 경우도 있다.[64]

나는 비트만이 그 음악을 들었고, 잡음은 음악 뒤에 배경으로
깔려 있었다고 말하고 싶다. 열운동에 무작위성이나 우연성 같
은 건 없다. 입자는 언제나 이동이 가능한 하나의 방향으로만
움직이고 있다. 비트만이 분명히 존재한다고 말한 우연성이라
는 요소는 물리학적 실재가 아니며 처음부터 끼어들어 있었던
순수한 가정이다.

비트만을 비롯한 학자들이 자연을 무작위적이고, 혼란스럽
고, 변덕스럽고, 무질서하고, 변하기 쉽고, 목적이 없고, 무관심
한 존재(우연히도, 이런 수식어는 모두 부정적인 의미를 가지고
있다.)로 묘사하는 이유에 대해서는 이미 설명했다. 그들에게
자연이 무작위적으로 보이는 이유는 인간에게 예측을 할 수 있
는 능력이 없기 때문이다. 만약 양자역학이 미래를 무제한적으
로 예측할 수 있다는 종래의 불완전한 관점을 포기한다면, 우연
성이라는 편리한 개념부터 본질적인 개념까지를 포괄적으로 수
용할 수 있을 것이다. 논리라고 할 수 있을지는 모르지만 그들
이 주장하게 될 논리는 이렇다.

만약 자연을 예측할 수 있다면, 자연은 자연법칙의 지배를 받아
야 한다. 하지만 자연을 예측할 수 없다면 자연이 우연성의 지배
를 받아야 한다. 인간의 불확실성은 곧 자연의 불확실성이다.

가령, 호킹은 '신은 주사위 놀이를 하는가'라는 주제로 강의

를 할 때 서두에 이런 말을 한다.

이 강의는 우리가 미래를 예측할 수 있는지, 아니면 미래가 변덕
스럽고 무작위적으로 정해지는지 알아보는 강의입니다.[65]

이 강의에는 예측과 무작위성 외에 학생들이 고를 수 있는 선택
사양이 없다. 이 강의는 다른 대안 없이 학생들의 머리에 예측
과 무작위성에 대한 주장만을 주입시킨다. 호킹은 우리가 미래
를 예측할 수 없기 때문에 자연이 무작위적인 것이라고 생각한
다. 그러나 무작위적이지 않고 미리 결정된 자연을 물리학자들
이 예측할 수 있어야만 할 이유는 전혀 없다. 결정론과 예측 가
능성은 처음부터 동등한 선상에 놓고 비교해서는 안 될 대상들
이었다.

7장

세이건의
엉터리 탐지 장치

요즘 열성가들이 모여 이론물리학에 대해 토론을 할 때면 언제나 얘기가
금세 특정한 방향으로만 흐른다. 특별한 문제나 최신 정보에 대한
얘기를 나누다가도 한 시간쯤 후에 돌아와보면 온통 스스로의 무지를
알고 절망했다는 얘기들뿐이다. 이건 올바른 자세가 아닐뿐더러 과학적
겸손은 더더욱 아니다. 자연은 인간의 강력한 지성이 발견하지 못하도록
근원적인 비밀을 잘 숨겼어야 했다는 말을 듣고 놀라는 건 순진한
사람이다.[66]

— 아서 에딩턴, 『물리적 세계의 본질 *The Nature of the Physical World*』
중에서

『악령이 출몰하는 세상: 과학, 어둠 속의 작은 촛불
The Demon-Haunted World: Science as a Candle in the Dark』에서 칼 세이건은 엉터리 탐지 장치를 소개했다. 이 장치는 부주의한 사고나 그릇된 논리, 의심스러운 주장을 색출해내는 도구다. 나는 그의 분석이 아주 유용하다는 사실을 발견했다. 세이건은 다음과 같은 문구들을 반복적으로 사용하면서 과학에서 실험적 증거가 얼마나 중요한지에 대해 열변을 토했다. "검증이 불가능하고 긍정도 부정도 할 수 없는 주장은 별로 가치가 없다.", "검증할 수 없는 주장이나 반박에도 영향을 받지 않는 단정은 아무리 경이롭고 대단해보이는 가치가 숨어 있다 해도 실질적으로는 아무런 소용이 없다."[67] 그럼 잠시 간단한 문제를 풀어보자. 정신을 가다듬고 다음에 나오는 사례에 세이건의

엉터리 탐지 장치를 적용해보는 것이다. 일곱 가지 사례를 읽어 나가면서 스스로에게 다음과 같은 네 가지 질문을 던져보기 바란다.

1. 논리가 얼마나 견고한가?
2. 결론을 뒷받침하는 증거는 무엇인가?
3. 검증이 가능하고 긍정하거나 부정할 수 있는 내용인가?
4. 내용 뒤에 숨겨진 가정이 있는가?

이번 장 말미에서는 여기에서 제시하는 일곱 가지 사례들이 세이건의 검사를 통과하고 건전한 과학임을 입증할 수 있는지를 평가해본다. 만약 검사를 통과하지 못한다면 이 사례들을 엉터리 과학이라 칭해야 할 것이다.

사례 1

인류는 헤아릴 수 없이 많은 경험을 축적했다. 그리고 통계학자들은 이 경험을 통해 속임수 없이 잘 만든 주사위를 적절하게 던지면 여섯 개의 면이 거의 정확하게 동등한 빈도로 나온다는 사실을 확신할 수 있다. 즉 주사위에 새겨진 여섯 개의 숫자들 가운데 어느 한 숫자가 나올 가능성은 나머지 다른 숫자들 가운데 어느 한 숫자가 나올 가능성과 같다. 그러므로 주사위에 불가피하게 작은 결점이 있는 경우만 아니라면, 주사위를 던지는 여섯

사람이 어느 한 숫자를 선택하게 될 기회는 동등하다고 **장담할
수 있다.**[68] (굵은 글씨는 저자들이 강조한 부분)
— J. L. 호지스, 데이비드 크레치, 리처드 S. 크러치필드, 『현장실
험실: 통계학의 경험적 입문 *StatLab: An Empirical Introduction to
Statistics*』 중에서

사례 2

동전 던지기에서는 두 가지 결과가 나올 수 있고, 우리는 수많은
경험을 통해 그 두 가지 결과가 나올 가능성이 각각 동일하다는
사실을 알 수 있다. 다시 말해, 각 결과가 나올 확률은 1/2로 동
일하다.[69]
— 마틴 골드스타인, 잉게 F. 골드스타인, 『우리는 어떻게 아는
가: 과학적 과정 탐구 *How We Know: An Exploration of the Scientific
Process*』 중에서

사례 3

기체 내 한 분자의 이상적인 위치는 항상 순수한 우연에 의해 결
정된다.[70]
— 길버트 W. 카스텔란, 『물리화학 *Physical Chemistry*』 중에서

사례 4

자연선택의 첫 번째 단계와 두 번째 단계의 근본적인 차이점은

분명하다. 유전적 변이가 나타나는 첫 번째 단계에서는 우연에
의해 모든 것이 결정된다. 그러나 차별적인 생존과 생식이 나타
나는 두 번째 단계에서는 대부분 유전적인 특성에 의해 '적자생
존' 여부가 결정된다.[71]

— 에른스트 마이어, 『진화란 무엇인가 *What Evolution Is*』 중에서

사례 5

대부분의 단일한 사건들은 미래에 거의 영향을 미치지 못한다.
그러나 어떤 사건들은 여러 가지 다양한 결과를 야기하며 이런
결과를 역추적하면 다른 방식으로 발생했을 수도 있었던 하나의
우연한 사건에 도달하게 된다. 우리는 이런 사건을 동결된 사건
frozen accident이라 한다. …… 이런 결과가 올바르고 우측으로
회전방향을 잡은 생물 분자들의 방향성이 우연이라고 가정해보
자. 그렇다면 지구상 모든 생물의 선조가 되는 유기체에는 우연
히 우측성 분자가 있었다는 뜻이다. 그렇지만 생물은 좌측성 분
자 위주로 존재했어도 완벽하게 잘 생존할 수 있었을 것이다.[72]

— 머리 겔만, 『플렉틱스 *Plectics*』 중에서

사례 6

우리는 죽게 될 것이다. 이 사실은 우리를 행운아로 만들어준다.
태어나지 않았기 때문에 죽지 않는 사람들도 많다. 내 주위에 존
재했을 가능성이 있었지만 실제로는 존재하지 않는 사람들은 아

라비아 사막의 모래알처럼 많다. 태어나지 않은 영혼들 가운데
에는 뉴턴보다 더 위대한 과학자들과 영국의 위대한 시인 키츠
보다 더 위대한 시인들도 분명히 있다는 사실을 우리는 안다. 왜
냐하면 우리의 DNA에는 실제로 존재하는 사람들의 수보다 훨
씬 더 많은 사람들을 만들어낼 수 있는 유전정보가 들어 있기 때
문이다. 여러분과 나는 평범해보이지만 그토록 엄청난 확률을
뚫고 지금 이 자리에 존재한다.[73]
— 리처드 도킨스, 『무지개를 풀며』 중에서

사례 7

세상에서 매일 발생하는 성교의 횟수를 대략적으로 계산해보자.
그 횟수가 날마다 크게 다르지는 않을 것이다. 지금까지 존재했
던 모든 사람의 난자와 정자 수를 산정해서 존재했을 가능성이
있는 사람들의 수를 계산해보면, 그 사실 자체만으로도 실제로
존재하는 사람들이 얼마나 대단한 행운아인지를 알 수 있다.[74]
— 존 앨런 파울로스, 『숫자에 약한 사람들을 위한 우아한 생존
매뉴얼 *Innumeracy*』 중에서

자, 이제, 사례 1에 대해 생각해보자. 바라건대, 여러분은 아
마 우리 통계학 교수 나리들께서 범한 비참한 논리적 오류를 발
견했을 것이다. 주사위에서 6이 나올 가능성이 '거의 정확하게
동등한 빈도'라는 말과 '여섯 개의 숫자들 가운데 어느 한 숫자

가 나올 가능성은 나머지 다른 숫자들 가운데 어느 한 숫자가 나올 가능성과 같다.'는 말은 전혀 다른 뜻이다. 나는 장기적인 결과와 개별적인 사건의 결과를 동일선상에 놓고 비교하는 이런 오류를 '융합성 오류Conflation Fallacy'라고 부른다. 하지만 우리가 속한 우주가 아닌 또 다른 평행우주에서는 통계학자들의 이런 주장이 의미가 있을지도 모른다는 어처구니없는 주장을 펼치는 부류도 있을지 모르겠다. 전자의 진술은 장기적인 개념이며 집계를 통해 증명이 가능하다. 그러나 후자는 불합리한 추론으로, 단일한 사건의 결과를 좌우할 수 있다는 순전한 가정이며 '헤아릴 수 없이 많은 경험'과도 무관하다. 얼핏 보기에 권위있고 믿을 수 있을 것처럼 보이는 이 통계학자들의 장담은(그들은 요점을 강조하기 위해 굵은 글씨로 표시까지 해두었다.) 자신들이 판매하는 차는 10년을 타도 1년밖에 타지 않은 차나 다름없다는 자동차 회사의 허풍스런 선전이나 망하기 직전에 회사의 회생을 장담하는 경영자들의 호언장담처럼 아무런 가치가 없다. 그러나 나 역시 장담컨대, 사례 1에서 제시하는 문단의 내용을 읽은 수많은 학생들 가운데 잘못된 논리의 문제점을 발견할 사람은 한 명도 없을 것이다. 권위가 넘치는 우리 교수님들께서는 언제나 권위 있는 진술과 믿을 만한 보장만 하시기 때문이다. 뉘라서 감히 그분들을 의심할 수 있겠는가? ('경험적 입문'이라는 책의 부제만 봐도 교수님들의 경험이 얼마나 뛰어난지 짐작하고도 남는다.) 그럼에도 불구하고 이 통계학자들의 무조건적인 장담은 과학적, 수학적 허구이다. 쉽게 말해, 완전히 사이비라는 얘기다. (여기에서 여러분에게 한 가지 물어볼 것이 있다. 만약 모든 통계와 확률에 대한 보장이 잘못되었다면, 리콜을 해야 할까? 아니면 환불은 어떨까?)

예를 들어, 무심코 주사위를 던졌는데 6이 나왔다고 치자. 그런데 우리에게 '헤아릴 수 없이 많은 경험'이 있다면 다른 숫자가 나왔을 수도 있을까? 어떤 '경험'이 있어야 다른 결과가 나오게 할 수 있었을까? 다른 숫자가 나올 가능성이 진짜로 있었다는 증거는 무엇인가? 뭐라 해도 결과에는 변함이 없다. 나오지 않은 숫자가 나올 수도 있었다는 증거는 아무리 찾아봐도 없다. 그러나 확률론과 열역학 제2법칙에서는 일어나지 않은 어떤 사건이 일어날 수도 있었다는 믿음이 절대적으로 중요하다. 이는 위험 분석, 투표 출구조사, 경제 예측, 복권에서도 마찬가지다. (흔히 스포츠 팀이 어떤 경기에서 이길 확률을 분석할 때는 각 게임이 전개되는 결과를 토대로 분석을 시행한다. 그러나 이때 적용하는 가정들도 오류이거나 대부분은 잘못된 가정이다.)

사례 2에서 골드스타인이 채택한 증거에서도 비슷한 혼동 양상을 엿볼 수 있다. 가정에 오류가 있을 가능성이 있다는 사실을 명확하게 언급했던 톨먼과 달리, 이 통계학자들은 융합성 오류를 범했고, 그 오류로 인해 그들은 모든 확률론의 핵심적인 가설에 실험적 증거가 있다는 그릇된 믿음을 가지게 되었다. 지금까지 살펴봤듯이, 장기적인 통계 자료는 절대로 단일한 사건의 가정을 정당화할 수 있는 토대가 될 수 없다.『우리는 어떻게 아는가』라는 제목을 보면, 그 책을 통해 보다 정확한 사고체계를 배울 수 있으리라는 기대감마저 든다. 그러나 만약 교수들이 학생들을 이런 식으로 가르쳤다면 학생들은 선험확률동등의 원리 같은 가설이 존재하는지조차도 모를 것이 뻔하다.

　그럼 또 다음 사례로 넘어가보자. 세이건이 말한 증거의 조건을 생각해보면 카스텔란의 진술이 전혀 과학적이지 않다는 사실을 알 수 있다. '한 분자의 이상적인 위치는 항상 순수한 우연에 의해 결정된다.'는 주장은 무의식적이고 불명료한 세계관에서 나온 단순한 가정이다. (2장에서 언급한 색안경 비유를 기억하기 바란다.) 이 주장에 증거가 있을까? 무슨 증거가 있을까? 이 주장이 객관적일까? 어떤 면에서 객관적일까? 이 주장은 자신이 벌거벗고 있다는 사실을 모르는 벌거숭이 임금님과도 같다. 이 진술에서 카스텔란은 자신의 결정적 주장을 뒷받침할 제일 간단한 증거조차 내보이지 못하고 있다. 왜냐하면 증거가 없기 때문이다. 그는 그저 실험적인 상황이 진실이라는 자신의 생각을 강변하고 있을 따름이다. 어쩌면 카스텔란은, 우연은 예측이 불가능하다고 믿었던 고대 그리스 철학자 데모크리토스의 생각을 그대로 답습하고 있는지도 모른다.

　자꾸 질문해서 미안하지만 한 가지 더 해야겠다. 분자의 위치가 '순수한 우연'에 의해 결정된다는 주장을 뒷받침하는 증거는 무엇일까? 혹자는 마이클 셔머가『왜 사람들은 이상한 것을

믿는가: 우리 시대 사이비 과학과 미신, 그 밖의 혼돈 *Why People Believe Weird Things: Pseudoscience, Superstition, and other Confusions of Our Time*』에서 주장한 기준[75]을 내세워 카스텔란의 주장이 '이상한 믿음'이라고 몰아세울 수도 있다. 분자의 위치가 우연에 의해 결정된다는 생각은 말 그대로 기묘하고도 이상한 생각이 아닐까? 이런 생각은 어디에서 나왔을까? 분자는 그저 자신이 갈 길을 갈 뿐, 우연이 분자의 상태와 모종의 관계를 맺고 있다는 주장은 단순한 억측일 뿐이다. (냉담한 익살꾼이라면 이런 생각을 가차 없이 미신으로 단정 지을 수도 있다.) 분자가 지금 있는 그곳에 자리 잡도록 정해져 있었다고 말하면 안 되는 것일까? 이런 주장은 카스텔란의 주장만큼이나 정당하다고 할 수 있다. (그도 아니라면 빅풋이나 네스호의 괴수, 아니면, 꼬마유령 캐스퍼가 분자의 위치를 결정하는지도 모르겠다.)

그럼에도 불구하고, 대대로 과학자들은 분자의 활동이 '순수한 우연'에 의해 결정된다는 주장을 기정사실로 받아들이고 있다. 나 역시 MIT에서 학창 시절 카스텔란의 책을 교과서로 사용했다. 그러나 확률과 우연에 대한 주장들을 검토하는 시간에 과학적 관점에 대해 이의를 제기하는 학생은 아무도 없었다. 분자의 위치가 언제나 '순수한 우연'에 의해 결정된다는 말에 친구들은 그저 고개를 끄덕이며 무언의 동의를 표할 뿐이었다. (앞에서 언급한 것처럼, MIT에서 과학을 공부하는 학생들은 무엇을 생각해야 할지도 정해져 있다. 그들은 정설로 굳어진 학설에 대해서는 이의를 제기하지 않는다.) 에딩턴 역시, "엔트로피는 지속적으로 증가한다."[76]는 그의 주장을 뒷받침하는 기본 원칙으로 "용기 속의 각 분자는 특정한 방향을 선호하지 않고 무작위적으로 떠돈다."는 주장을 펼친 바 있다. 분자가 실제로 자리하고 있는 위치 외에 다른 자리에 존재할 수도 있었다는 주장은 자연이 무질서를 향해 가고 있다는 주장의 기초가 된다.

어떤 이유에선지, 과학자들은 실험적 증거가 전혀 없음에도 분자가 우연에 의해 떠돈다는 주장을 선호한다. 그들은 자연이 분자의 위치에 대해 무관심하다고 생각하고 싶어한다. 만약 이런 주장의 진위를 판단할 수 없다면, 형이상학적 가정이나 '단순한 철학'이 아니고 무엇이겠는가? 과학자들은 오래전부터 "우리는 분자의 위치를 확실히 알 수 없다."는 말과 "분자의 위치는 우연에 의해 결정된다."는 말을 같은 의미로 결론지었다. 간단히 말하면, 이들은 인간의 무지가 자연의 우연성, 무관심, 무작위성이라는 결론으로 귀결된다고 생각했다는 얘기다.

여기에서 알아두어야 할 얘기가 한 가지 있다. 알다시피 수 세기에 걸쳐 과학자들은 자연이 물질의 상태에 대해 무관심하다는 가정을 당연하게 받아들였다. 그러나 1950년대 후반, 자연이 물질의 상태에 관여한다는 사실이 밝혀지고 오래도록 위세를 떨쳤던 홀짝성 법칙*이 전복되자 전 세계 과학자들은 패닉

---

* **홀짝성 법칙The law of parity** | 과거에는 모든 물리적 세계가 완전한 대칭, 즉 홀

상태에 빠지고 만다. 당시 파인먼 같은 여러 유명 과학자들은 홀짝성 법칙이 깨지지 않으리라는 잘못된 믿음을 가지고 있었다. (파인먼은 실제로 다른 물리학자와의 내기에서 지고 말았다.) 자연이 물질의 상태에 대해 무관심하다고 추측했던 과학자들은 자신들의 가정이 오류로 밝혀지자 큰 충격을 받았고, 심지어 어떤 이들은 이제 자연을 좀 더 신뢰할 필요가 있다고까지 말했다. 그들은 자신들조차도 왼쪽과 오른쪽을 구분하면서 자연이 우둔하기 때문에 좌우를 구분할 수 없다고 생각했던 것이다.

과학자들의 뇌리에 깊이 새겨져 있던 완벽한 믿음은 하룻밤 사이에 부정확한 오류로 밝혀졌다. 이시도르 I. 라비는 예기치 못한 발견을 공표하는 자리였던 콜롬비아 대학 기자회견에서 이렇게 말했다. "완벽할 것 같았던 이론적 기초가 산산이 부서졌습니다. 이제 그 조각들을 어떻게 다시 맞춰야 할지 모르겠군요." (홀짝성 법칙의 몰락[77]은 과학의 흐름을 이해하는 데 절대적으로 중요하다. 초심자들에게는 마틴 가드너의 『양손잡이 자연세계: 거울반사 이론에서 초끈이론에 이르는 대칭과 비대

짝성 대칭을 이루고 있다고 믿었다. 그러나 1956년, 베타 붕괴에서 홀짝성 대칭이 깨져 있는 모습이 발견되면서 자연의 대칭성에 대한 근본 관점이 바뀌었다. 여기에서 홀짝성(반전성, 우기성이라고도 함.)이란 입자의 상태를 나타내는 파동 함수의 부호가 공간 반전에 의하여 변하는 여부에 따라 상태를 구별하기 위하여 쓰는 말로, 부호가 변하지 않는 경우는 그 상태의 반전성을 짝($+$), 변하는 경우는 홀($-$)이라고 한다.

칭의 세계 *The New Ambidextrous universe: Symmetry and Asymmetry from Mirror Reflections to Superstrings*』를 추천한다.)

자연이 물질의 상태에 무관심하다는 잘못된 믿음이 비극의 원흉이 되었던 사건도 있다. 지금으로부터 약 반세기 전, 유럽에서는 탈리도마이드 수면제로 인해 1만 명에 달하는 기형아들이 태어났다. 이 사건에 대해 휴스턴 공과대학 명예교수인 존 린하드는 이렇게 말했다.

> 1950년대에 수많은 기형아를 양산한 탈리도마이드는 화학식은 같지만 원자 구조가 다른 두 가지 물질이 섞여 있는 키랄 이성 질체였다. 이 가운데 한 가지 물질은 인체에 무해하며 입덧 억제제로 쓰인다. 그러나 이 물질과 거울처럼 좌우 대칭을 이루는 또 하나의 물질은 돌연변이를 유발한다. 당시 시중에 유통되던 탈리도마이드에는 두 가지 물질이 다 들어 있었고 이로 인해 막대한 피해가 발생했다.[78]

인체는 이 약물의 두 가지 형태 가운데 한 가지만 활용할 수 있었지만, 과학자들은 팔다리도 없는 아기들이 수천 명이나 태어날 때까지도 이런 사실을 모르고 있었다. 오늘날까지도 충격이 가시지 않고 있는 엄청난 의료 재난 뒤에는 자연이 좌우를 상관하지 않는다는 과학자들의 그릇된 가정이 있었던 것이다. 이 사건을 비롯한 여러 사례에서 볼 수 있듯이, 자연은 무관심과 거리가 멀다. (사건 이후, 탈리도마이드는 몇 가지 특정 질병에 효과가 있다는 사실이 밝혀진 뒤에야 엄격한 안전 수칙 아래 다시 사용되기 시작했다. 록 브리너와 트렌트 스티븐스가 저술한, 『어둠의 치료: 탈리도마이드의 충격과 필수약품으로의 부활 *Dark Remedy: The Impact of Thalidomide and Its Revival as a Vital Medicine*』에는 개발 초기부터 현재까지, 탈리도마이드에 관한 여러 가지 이야기들이 수록되어 있다.)

다시 본론으로 돌아와서 사례 4에 대해 생각해보자. 사례 4에서 마이어는 유전적 변이와 관련하여, "우연에 의해 모든 것이 결정된다."고 말했다. 이는 카스텔란의 주장과 아주 비슷하며, 두 주장 모두 아무런 증거가 없는 대담무쌍한 주장이라는 점 역시 같다. 마이어의 주장은 질량이 적은 소립자의 일종인 뮤온이 뜻밖에 발견되었을 때, "이걸 누가 주문했습니까?"라고 말했던 라비의 유명한 반응을 떠올리게 한다. 우리 주변에서 볼 수 있는 돌연변이와 변종이 '우연히' 생겨났다는 기이한 생각이야말로 누가 떠올린 걸까? 만약 초자연현상 과학조사위원회가 피라미드나 외계인 방문, 스푼 구부리기, 성경의 암호, 영매를 파헤칠 때처럼 신중하고, 냉정하고, 공평한 시각으로 진화론을 촘촘히 뜯어본다면 "증거를 대시오."라고 요구할지도 모른다.

마이어의 주장은 우연성에 대한 선입견적 믿음을 신봉하는 이상주의적 사고방식을 보여준다. 그러나 이 주장은 실험적 증거나 자료, 관찰 및 측정 결과가 없기 때문에 세이건의 엉터리 탐지 장치를 통과하지 못한다. 과학자들은 거의가 다윈론이 옳다고 생각하지만, 마이어의 주장은 과학적 진술로 적절하다고 볼 수 없다. (그렇지만 나는 적자생존에 대한 일반적인 개념에 대해서는 대체로 동의하는 편이다. 다윈의 충직한 추종자였던 토머스 헉슬리는 적자생존처럼 확실한 개념을 왜 자신이 생각해내지 못했을까 한탄했다고 한다.)

사례 5에서 겔만은 '우연'을 믿고 있으며 일어나지 않은 사건들이 다른 방식으로 일어날 수도 있었다고 말한다. 이런 관점을 뒷받침할 수 있는 물리적 증거는 물론 없다. 그러나 이런 관점은 다윈론과 복잡성이론을 비롯한 대부분의 과학이론에서 중요한 역할을 하고 있다. 만사가 다른 방식으로 완벽하게 발생할 수 있었다는 주장을 사람들은 대부분 당연하게 받아들이지만 이 또한 실험적 증거가 없고, 따라서 진위를 가릴 수 없기는 마찬가지다. 그리고 세이건의 법칙 역시 통과할 수 없으므로 과학이라고 여길 수도 없을 것이다.

닉 허버트는 『양자적 실재 *Quantum Reality*』에서 겔만을 비롯한 학자들이 구축한 논리를 아주 상세히 설파했고 이를 CFD라 불렀다. 그는 '검증할 수 없는' 가정이 도처에 널려 있으며, 존 휠러가 양자역학을 해석하기 위해 도입한 '지연된 선택delayed choice' 이론 같은 과학이론에도 이런 가정이 숨어 있다는 점을 지적했다. 허버트는 피자를 선택하고 주문하는 과정을 예로 들었다.

피자 주문에서 CFD 가정이란, 실제로 주문한 피자 대신 다른 종류의 피자가 배달되는 것을 당연하게 여기는 상황과도 같다. 가상의 행동이 명확한 결과로 이어질 수도 있다는 CFD 가정은 합리적으로 보일 수도 있지만 하나의 사건은 한 번만 일어나기 때문에 가정을 검증할 수 없다는 맹점이 있다. 이번 주 토요일 밤, 당신이 주문할 수 있는 피자는 한 가지뿐이다. ······[79]

간단히 말해, CFD 가정에서는 '가능성'이 '사실'이 될 수도 있었다고 가정한다. 이는 치즈 피자를 시켜놓고 페페로니 피자(또는 안초비, 어니언, 머시룸, 햄, 살라미 피자가 될 수도 있다.)를 대신 시켰을 수도 있었다고 생각하는 것과도 같다. 문 앞에 도착하지 않은 피자가 도착했을 수도 있다고 생각한다면, 다른 현실에 직면하게 되는 셈이다. (소화불량으로 속이 쓰린 경우에는 CFD 가정이 좋을 수도 있겠다.) CFD는 우리의 현실 인식에도 많은 영향을 미친다. 우리 모두는 다르게 행동할 수도 있었거나 만사가 다른 방식으로 이루어져 있을 수도 있다고 생각한다. 나는 『물리적 세계의 깨어 있는 마음 *Conscious Mind in the Physical World*』을 쓴 E. J. 스콰이어스에게 사람들이 CFD를 믿는 이유를 물어본 적이 있다. 그의 대답은 이랬다. "글쎄요, 그런 생각의 출발점부터 찾아야 하지 않을까요." CFD는 현실이 비현실일 수도 있었다는 믿음, 다르게 행동할 수도 있었다는 믿음에서 출발한다. 이런 생각은 현실을 지배할 힘이 있다는 가정을 바탕으로 하기 때문에 인간에게 아주 편안하다. 그러나 현실이 아닌 상상이 현실이 될 수도 있었다는 믿음은 세이건이 말하는 건전한 과학과는 아무런 상관이 없다.

나는 만사가 다른 식으로 이루어졌을 수도 있다는 일반적인 믿음이 잘못되었다고 애써 증명하지는 않을 것이다. 왜냐하면 그런 증명은 불가능할 것이기 때문이다. 결국 우리는 지금 검증이나 증명을 할 수 없는 가정에 대해 논하고 있다. (이는 가정이 틀렸다는 사실에 대해 논하는 일과는 전혀 별개의 문제다.) 여기에서 내가 지적하고자 하는 바는, 우연성과 우발성에 대한 과학자들의 주장에 비객관적이고 인간 가치 중심적인 요소가 있다는 것이다. 우리는 자연을 객관적이고 가치 중립적으로 바라보지 않고 우연성과 무질서, 무작위성이라는 가정을 우선적으로 적용한다.

이제 도킨스의 진술(사례 6)에 대해서 생각해보자. 그의 진술에는 보장 없는 수학적 확신과 행운에 대한 CFD적 믿음이 완벽하게 버무려져 있다. 도킨스가 주장하는 세계는 기만과 위장으로 가득하다. 그의 세계는 일어났을지도 모를 일들이 결정적인 역할을 한다고 주장하는 진화생물학적 관점의 전형이다. 도킨스의 세계는 '존재했을 가능성이 있는 사람들', '태어나지 않은 영혼들', '뉴턴보다 더 위대한 과학자들' 같은 이론적 가능성들이 북적댄다. 하지만 그는 실제 세계를 눈에 보이는 모습으로 한계지어 놓았을 뿐만 아니라, 가상적인 세계가 실제 세계보다 훨씬 더 크다고 주장한다. 그러면서 그는, "…… 우리는 안다. 왜냐하면 우리의 DNA에는 실제로 존재하는 사람들의 수보다 훨씬 더 많은 사람들을 만들어낼 수 있는 유전정보가 들어 있기 때문이다."라고 말한다.

이런 생각은 순전한 CFD이며 이를 뒷받침할 사실은 전혀 없다. 평생을 바쳐도 시간이 부족하겠지만 도킨스는 자신이 원하는 만큼 많은 DNA 조합을 계산해낼 수 있다. 하지만 그렇다고 '가능성'이 '실재'보다 커지지는 않는다. 도킨스가 그토록 확신에 찬 어투로, '우리는 안다.'고 말한 대목에 대해 생각해보자. 일반인들과 다른 초능력을 가지고 있지 않은 이상, 가능성이 현실로 탈바꿈했을지 여부를 알 수 있는 방법은 없다. 비현실이 현실이 될 수도 있었다는 것을 도킨스가 무슨 수로 알 수 있겠는가. 도킨스는 그저 가설적 개념을 구체화하여 표현하는 흔하디흔한 비논리적 실수를 범했을 뿐이다. 도킨스처럼 유명하고 영향력 있는 인물이라면 좀 더 명확한 사고방식을 보여주어야 했다.

자, 그럼 T. S. 엘리엇이 지은 시구절과 도킨스의 진술을 비교해보자. (엘리엇은 노벨상을 수상한 영국의 철학자 버트런드 러셀과 함께 철학을 공부했다.)

있었음직한 일은 오직 관념의 세계에만
영원한 가능성을 남기는 추상일 뿐.

있었음직한 일도, 실재한 일도
하나의 끝을 가리키네.
그 끝은 언제나 현재라네.

이 시에서 볼 수 있듯이, 엘리엇은 '있었음직한 일'(도킨스가 말한 '존재했을 가능성이 있는 사람들')이 관념의 세계에만 존재할 뿐, 우리가 실제로 경험하는 물리적 세계에는 존재할 수 없다는 사실을 깨달았다. 이처럼 상상 속에 존재하는 추상적 세계는 지식이라 할 수 없다. (잘 교육받은 철학자였던 데닛 역시 이처럼 결정적이고 분명한 차이점을 놓치지 않았다.) '우리는 안다.'는 도킨스의 말은 철저한 오류이며 비과학적인 진술이다. (셔머나 '과학 군단' 같은 회의론자들도 조금만 더 비판적인 분석법을 썼더라면 이런 사실을 오래 전에 지적했을 것이다. 회의론자들로 이루어진 편집위원회에서 도킨스의 주장을 문제 삼아도 문제가 될 건 없다.)

엄밀하고 정확하게 따져보면 우리에게는 가능성이 현실로 바뀔 수 있다는 주장을 뒷받침할 만한 지식이 전혀 없다. 현실에서는 가능성을 지닌 젊은 음악가가 나중에 세계적인 연주가로 성장할 수도 있다. 그러나 가능성은 언제나 '저 너머'에 있는 것이지 실현된 것은 아니다. 사실 도킨스의 주장은 비사실적 또는 반지식적이라고 특징지을 수 있다. 왜냐하면 그의 주장들은 의심할 여지도 없이 사실과 정반대이기 때문이다. 도킨스의 세계에서 일어나고 있는 사고과정에는 '우리는 안다.'는 말 대신, '우리는 믿는다.', '우리는 가정한다.', '우리는 추측한다.', '우리는 생각한다.', '우리는 짐작한다.', '우리는 추정한다.', '우리는 상상한다.' 같은 말이 어울린다. 그러나 도킨스는 검증할 수도 없고, 알 수도 없고, 근거도 없는 관념을 우리가 현실을 지배하는 사실을 통해서 알 수 있다고 말하고 있다. 사이비 과학과 가짜 수학으로 이루어진 그의 세계에서는 아무리 엄청나거나 아무리 터무니없는 일들도 가능성을 부여받는다.

가공의 이상향을 꿈꾸는 도킨스의 논리는 진정한 과학이라 할 수 없으며, '실험적 증거와 데이터와 관찰과 측정'을 요하는 세이건의 엉터리 탐지 장치도 통과할 수 없다. 또한 이는 도킨스 자신이 정한 믿음의 기준에도 맞지 않는다. '믿음을 위한 좋은 논리와 나쁜 논리'[80]라는 제목으로 자신의 열 살 난 딸에게 보낸 편지에서도 도킨스는 '증거'의 중요성을 거듭 강조했다. 그러나 정작 그의 주장에는 증거가 없으며, 그 주장이 설사 가설이라손 치더라도 증거가 있을 수 없다. 그의 주장에서 사실이라고 할 수 있는 부분은 '실제로 존재하는 사람들'을 언급한 부분뿐이며, '엄청난 확률'로 대변되는 나머지 내용은 순전한 억측에 불과하다.

확실한 사실은 우리가 이 시대에 태어났고, 늙어가고 있으며, 지금 살아 있다는 것이다. 그러나 도킨스는 이마저도 부정하고 있다. 그는 우리에게 이렇게 말한다.

당신이 살고 있는 시대가 현실일 확률은 아무렇게나 동전을 던졌을 때 뉴욕과 샌프란시스코를 잇는 도로 사이 어딘가를 기어다니고 있는 어떤 개미를 맞출 확률과 같습니다. 달리 말하면, 당신은 이미 죽어 있을 가능성이 아주 큽니다.

그러나 도킨스가 깨닫지 못할지언정, 이런 관점(우연성이 넘치는 복권 당첨식 사고방식)은 관념에 불과하다.

4장에서 인용했던 도킨스의 말을 기억할지 모르겠다. 그는 여러분의 부모와 조부모들의 존재에 대해 이렇게 주장했다. "우리의 존재 여부가 걸린 역사적 사건의 실타래는 얇디얇은 실로 이루어져 있다." 장구한 역사 속에서 엄청난 확률을 뚫고 존재하는 우리들이 스스로를 아주 특별한 존재로 여기는 것은 어쩌면 당연한 일일 수도 있다. 도킨스의 말처럼, 아주 쉽게 상상할 수 있는 미세한 변화만 있었더라도 우리는 존재하지 못했을 수도 있다. 그러나 도킨스가 태어나지 않은 수많은 사람들과 벌어지지 않은 사건들의 존재를 믿고 우리가 이 세상 사람이 아니었을 압도적인 확률을 아무리 확신한다 해도, 그의 주장에서는 엄밀한 측정과 실험과 증거를 찾을 수 없다. 대신 그 속에는 경이로운 해석과 상상만이 난무할 뿐이다. 도킨스는 이 시점에 적절한 말을 다른 곳에서 한 적이 있다. "우리는 운동보다는 생각을 많이 해야 한다."

최근 도킨스는 자신의 믿음에 관해 이렇게 말했다.

모든 생명과 모든 지성, 모든 창조력, 그리고 우주 어디에서나
볼 수 있는 모든 '설계'는 다윈이 말한 자연선택의 직, 간접적인
산물이다. 그러므로 설계는 다윈주의적인 진화의 시기에 뒤이어
발현된다. 설계는 진화를 앞설 수 없고, 그 때문에 우주의 근본
이 될 수 없다.[81]

도킨스는 상황을 완전히 정반대로 해석했다. 우리는 지금 설계
에 의해 존재하며, 실제로 존재하는 동물들과 그가 '존재할 수
도 있었던'이라고 말한 가정상의 동물들은 하나이고 같은 존재
들이다. 도킨스는 가설이 실제가 될 수 있다고 단언하지만, 실제
사실에 근거하여 판단하면 그의 주장대로 될 수 있는 물리적 근
거는 없다. 세이건은 이렇게 말했다.

주장을 하려면 자신의 주장을 검증받아야 한다. 집념 어린 회의
론자들에게 여러분의 논거를 검증할 기회를 주고, 여러분의 실
험을 그대로 따라했을 때 동일한 결과를 얻을 수 있는지 확인하
도록 해야 한다. 중요한 것은, 신중하게 계획하고 관리한 실험의
신뢰성을 확보하는 것이다.[82]

존재하지 않는 사람들로 채워진 도킨스의 가설적 세계에 대해
서는 실험도 할 수 없고 증거도 찾을 수 없다. 과학을 통해 그
세계에 접근할 수 있는 길이 있다면 공상과학소설뿐이다.

도킨스의 『눈먼 시계공 *The Blind Watchmaker*』에는 '진화론은 세계가 설계되지 않았음을 어떻게 밝혀내는가 *Why the Evidence of Evolution Reveals a Universe Without Design*'라는 부제가 달려 있다. 그러나 진화론에서는 과거의 사건들이 우연히, 무작위적으로 발생했다는 증거를 찾을 수 없다. 도킨스는 자신의 주관적 해석을 부정할 수 없는 명백한 증거와 동일시하는 오류를 범한 것이다. 마이클 셔머는 『과학의 충돌: 지식이 미지를 만났을 때 *Science Friction: Where the Known Meets the Unknown*』에서 모든 증거는 해석되어야 한다고 말했다.[83] (그는 영국 철학자 베이컨의 영향을 받았다.) 도킨스는 깜빡 잊고 이처럼 중요한 사실을 자신의 논거에 적용하지 못한 것 같다. 돌연변이는 무작위적으로 발생하지도 않고 다른 방식으로 나타날 수도 없었다. 우리가 알고 있듯이 변이가 우연히 생겨난다는 주장은 단순한 가정일 뿐이다.

앞서 인용했던 도킨스의 말이 『무지개를 풀며』라는 책의 첫 장 맨 앞부분부터 등장했다는 사실에 주목하기 바란다. 도킨스는 CFD를 명확한 지식으로 가정한 채, 있었음직한 일과 일어나지 않았음직한 일들을 기초로 복잡하고 기나긴 여정에 나선다. 그의 책은 꽤나 재미있을 수도 있다. 그러나 우리는 도킨스가 쌍수를 들어 반기는 우연성과 무작위성과 행운이라는 개념을 통해 우리의 존재를 설명할 수 있다는 주장에 전적으로 반대하는 입장에 있다. 『무지개를 풀며』, 『눈먼 시계공』, 그리고 도킨스의 또 다른 저서인, 『오르지 못할 산 오르기 *Climbing Mount*

Improbable』에 담긴 주된 사조는 모두 순수한 환상이며, 좀 더 가차없이 말한다면 미신이라고 할 수 있다. 현실적으로 볼 때 우리가 존재하지 않을 확률은 더도 덜도 없이 정확히 0이다.

　과학의 대중화에 폭넓게 참여하고 있는 도킨스라면 가능성의 세계를 실체화할 수 있다는 증거를 내놔야 하겠지만, 그건 불가능한 일이다. 우리는 지금, 이 세상에 살아 숨 쉬고 있다. 만사가 다른 방식으로 발생했을 수도 있다는 주장에는 증거가 없다. 도킨스는 다윈의 자연선택설이 '확증된 사실'[84]이라고 힘주어 말한다. 그러나 그의 우스꽝스러운 주장은 세계적인 과학자들이 과학의 실질적인 요건을 잘못 파악하고 있다는 사실을 반증할 뿐만 아니라, 현실주의를 논한 데닛의 『다윈의 위험한 생각』을 도킨스가 이해하지 못했다는 사실을 보여준다. 하지만 도킨스는 자신의 동료이기도 한 데닛의 책이 '놀랍도록 훌륭하다.'며 찬양했던 인물이다. 만약 현실주의가 다윈주의의 반대적인 개념이라면, 어떻게 다윈주의가 '확증된 사실'일 수 있다는 말인가? 지금까지 살펴본 것처럼, 데닛은 현실주의를 배제할 수 없다고 말한다. (물론 데닛은 현실주의가 틀렸다는 사실을 증명할 수 없다면 차라리 골프를 치러 가겠다는 모순된 주장을 펼치기도 했다.) 그리고 확정된 과학적 관습에 따르면, 배제할 수 없는 모든 것에는 가능성이 있다고 봐야 한다. 데닛의 신랄할 분석에 대해서는 8장에서 좀 더 자세히 살펴본다.

　이제 『플레이 보이』 창립자 휴 헤프너가 즐거워할 만한 내용이 가득한 사례 7로 넘어가보자. 사례 7에서 파울로스는 우리에게 정량적인 내용이 가득하고 경탄스럽기 짝이 없는 얘기를 들려준다. 파울로스의 주장은 도킨스의 주장과 유사하며, 지식과 추측을 혼동하고 있다는 점도 똑같다. 파울로스는 자신이 주장한, '지금까지 존재했던 모든 사람의 난자와 정자 수를 산정해서 존재했을 가능성이 있는 사람들'이라는 것이 순수한 가설이라는 것을 정말이지 몰랐다. 그는 '존재했을 가능성이 있는' 이라는 말을 확실한 사실인 양 사용했다. 그렇지 않고서야, '그 사실 자체만으로도'라는 말을 사용할 수가 없다. 가설적 추측이 어떻게 이처럼 사실로 변한 것일까? 아무리 그럴싸해 보여도 가설적 추측이 사실로 변할 수는 없다. 파울로스가 믿고 싶은 대로 믿는 것은 상관이 없지만 그의 믿음이 곧 과학이라고 할 수는 없다. 파울로스처럼 인상적인 경력을 지닌 명망 높은 수학자라면 좀 더 정확하고 논리적인 주장을 펼쳤어야 했다. (앞에서도 말했지만, 확률과 우연이라는 개념은 우리의 뇌리에 너무나도 당연한 것처럼 새겨져 있어서, 대부분의 사람들은 기본적인 개념조차 생각해보지 않는다.) 파울로스는 도킨스 같은 학자처럼 태어나지 않은 사람들이 태어날 수도 있었다고 생각했고, 이런 생각 때문에 그는 '가능성'이라는 말을 사용했다. 그는 또 실제로 태어난 사람들이 태어나지 않았을 수도 있다고 말했다. 이 말의 불확실성에 대해 생각해보라! 케이크는 먹고 나면 없어져 버릴 뿐, 케이크를 보관하는 동시에 먹기도 할 수는 없다. 즉 서로 반대되는 일을 한꺼번에 할 수는 없는 법이다. 도킨스와 파울로스는 이 세상에 태어났을 '가능성'이 있는 사람들이 수도 없이 많다는 순수한 관념적 주장을 늘어놓은 뒤, 실제로 존재하는 사람들이 아주 대단한 행운아라고 결론지어버렸다.

생각하기에 따라 우리는 행운아일 수도 있고 아닐 수도 있다. (무고하게 옥살이를 하는 죄수나 아프리카 전쟁 난민을 생각해보라.) 그러나 우리의 존재는 가능성이나 불가능성의 문제와는 상관이 없다. CFD는 파울로스의 주장을 비롯한 모든 확률적 사고방식에 팽배해 있다. (CFD가 잘못된 가정을 근거로 하고 있음에도 불구하고 확률적 사고방식에서는 이를 차용한다.) 이안 스튜어트는 『자연의 수학적 본성 *Nature's Numbers*』에서, 과학자들이 발생할 가능성이 있었던 일들에 대해 생각하게 되는 이유는 실재와 가능성 사이에 철학적 이동 현상이 나타나기 때문이라고 말했다.[85] 나는 이처럼 불행한 진전이 우리를 실재에 가까이 데려가는 대신 실재로부터 멀어지게 한다는 사실을 발견했다. 값싸고 빠른 컴퓨터를 통해 전보다 훨씬 쉽게 창안된 대체 시나리오가 지식을 확장시키기는커녕 우리를 착각의 세계로 인도하다니 애석한 일이 아닐 수 없다. 과거와 미래에 대한 시나리오는 무한대로 창안하고 추정해낼 수 있다. 그러나 중요한 것은 실제로 일어난 일과 실제로 일어나고 있는 일들이다. 일어날 수 있었던 일들과 일어날지도 모를 일들을 생각하는 것은 물론 아주 흥미로운 일이기 때문에 많은 사람들이 거기에 꾸준히 매달리지만 유일한 가능성이 실제 상황에만 주어지는 순간 불확실성과 억측의 구름은 증발해버리고 만다. (훨씬 더 정확하고 우아한 가설과 이론에 관심 있는 분들에게는 도킨스나 파울로스의 혼란스러운 저서보다는 엘리엇의 『네 개의 사중주 Four Quartets』 같은 작품을 권하고 싶다. 휴 케너는 엘리엇이 생각에 몰두하는 모습을 보는 것 자체만으로도 환상적인 경험이라는 농담 아닌 농담을 한 적이 있다.)

파울로스는 '세상의 우연적인 본질'을 말하고 있지만 이런 현실관은 철저히 주관적이고 개인적이며 검증할 수도 없다. 파울로스가 보는 세계는 변덕스러운 무작위성과 우연성의 지배를 받는다. 아마도 그는 방사능을 '우연히' 발견한 것으로 알려진 프랑스의 앙리 베크렐*이 저 유명한 방사능 실험을 할 때 파리에 며칠 동안 해가 나지 않았던 일이 우연이라는 무난한 과학적 견해에 동의할 것이다. 또 그는 허리케인 카트리나가 미국을 덮치기 전, 멕시코 만의 따뜻한 해수를 지나며 강력한 허리케인으로 성장한 것이 우연이라는 기상학자들의 주장에도 동의할 것이다. 어떻게 보면 고대 그리스인들의 상상 속 세계와도 크게

---

* **베크렐의 방사능 발견** | 프랑스의 과학자 베크렐은 가시광선에 의해 인광을 발하는 어떤 물질이 X선과 비슷한 투과력이 강한 방사선을 방출할지도 모른다는 잘못된 기설을 세우고, 인광성 물질로 우라늄을 선택하여 실험을 진행했다. 검은 종이로 싼 사진 건판 위에 우라늄 결정을 올리고 햇빛을 쬔 뒤 사진판을 현상하여 우라늄 결정의 상을 확인한 그는 자신의 추론이 옳았다고 결론지었다.

다를 것 없는 파울로스의 세계는 변덕과 무작위성이 지배한다. 그 세계의 자연은 질서 있게 안정되어 있지 않고 분열되고 분산되고 무작위적인 상태로 머물러 있으며, 언제든 누구에게든 어떤 일이든 일어날 수 있다.

그러나 그 후 며칠 동안 파리에는 해가 나지 않았기 때문에, 실험에 햇빛이 필요하다고 생각한 베크렐은 실험을 중지하고 우라늄 결정을 건판 위에 올린 채 서랍 속에 넣어두었다가 며칠 후 현상을 진행했다. 그러나 놀랍게도 필름의 상은 햇빛을 쬐였을 때와 같이 짙게 찍혀 있었고, 필름을 감광시킨 것이 방사능이라는 사실을 나중에야 알게 되었다.

파울로스는 우리들 각자가, "질식사할 가능성이 1/68,000이고, 자전거 사고로 죽을 가능성이 1/75,000이고, 익사할 가능성이 1/20,000이고, 교통사고로 죽을 가능성이 1/5,300이다."[86]라고 주장한다. 하지만 개인의 위험 인자를 산출하기 위해 장기적인 관점의 관찰 결과를 인구 전체에 고르게 적용하는 것은 오류이다. (파울로스와 동료 학자들이 이렇게 계산한 이유는 이해가 가지만 그렇다고 이런 계산 방식을 더 이상 받아들일 수는 없는 노릇이다.) 자전거 사고나 교통사고로 죽을 사람들은 원래부터 죽을 가능성이 있었고 그런 사고로 죽지 않을 사람들은 죽을 가능성이 없었다. 교통사고의 경우, 죽을 위험이 있는 사람은 5,300명 가운데 한 명뿐이다. 그리고 나머지 5,299명은 죽을 가능성이 0이다. 대다수 사람들은 그런 일에 대해 걱정할 필요가

없다. (실제로 죽게 될 사람이 죽기 직전에 자신의 죽음을 알 수
는 없는 법이다.)

통계학자들은 우리가 위험과 위협과 위난으로 가득한 세계
에 살고 있어서 누구나 언제든지 벼락이나 교통사고 같은 재난
으로 사라질 수 있다고 주장한다. 수리적 세계에는 우연과 확률
이 어디에나 숨어 있다고들 한다. 예를 들어, 마이클 스타버드
는, 『확률로 알아보는 우연의 세계 *What Are the Chances? Probability
Made Clear*』에서 이렇게 말했다.

> 확률은 인생을 지배한다. 음식을 선택할 때마다 우리는 음식이
> 건강에 미칠 잠재적인 영향력을 두고 일종의 거래를 하는 셈이
> 다. 운전을 할 때도 사고가 날 확률은 항상 존재한다. 그 가능성
> 은 낮지만 계산해낼 수 있는 확률이다. 주식을 사거나, 카드놀이
> 를 하거나, 일기예보에 맞춰 여행을 계획할 때도 우리는 확률에
> 운명을 내맡긴다.[87]

그러나 고대 그리스의 운명론이나 우연론에서 나온 듯한 이러
한 소위, '수학적 지식'은 다행히도 망상 내지 잘못된 인식이다.

미안한 말이지만 스위스의 이론물리학자 볼프강 파울리가
살아 있었다면 도킨스와 파울로스 같은 이들이 주장하는 실재
에 대한 확률적 관점이, 틀렸는지조차도 알 수 없는 비과학이라
고 쏘아붙였을 것이다. 잘 알려진 바와 같이 파울리는 검증할

수 없고 맞았는지 틀렸는지 증명할 수 없는 과학적 이론들에 대해 냉소적인 시각을 견지했던 인물이다.

이제 지금까지 살펴본 일곱 가지 사례들에 점수를 매길 시간이다. 이 사례들은 과연 세이건의 엉터리 탐지 장치에서 말하는 건전한 과학의 기준을 통과할 수 있을까? 아니면 사례의 내용을 진술한 과학자들의 논리와 논거에 치명적인 결함이 있을까? 건전한 과학이란 반드시 진술이 올바르다는 뜻만은 아니며, 엉터리라는 말이 꼭 틀렸다는 의미는 아니다. 엉터리 탐지 장치의 목적은 옳고 그름을 판단하는 것이 아니라 무엇이 과학으로써 정당한지를 결정하는 것이다. 일전에 나는, 전혀 뜻밖의 천문학적 발견을 설명하기 위해 3천 명에 달하는 천문학자와 물리학자와 우주학자들이 모여 머리를 맞대고 다수의 과학 논문을 작성했다는 글을 읽은 적이 있다. 그 모든 논문들이 과학의 요건을 갖췄을지라도 그 내용이 모두 옳다고 할 수는 없다. (물론 모두 틀렸다고 할 수도 없다.) 다중우주론을 옹호하는 사람들이라면 각 논문이 각 다중우주에서는 모두 옳다고 주장할지도 모르지만, 이건 그런 문제가 아니다.

우리가 살펴본 사례들은 논리적 오류와 조잡한 사고가 묻어나며, 증거도 불충분할 뿐만 아니라, 논리적 반박에도 아랑곳하지 않는다는 특징이 있다. 그러므로 나는 아래와 같은 점수를 매기지 않을 수가 없다.

과학적 건전성 = 0

엉터리 지수 = 7

물론 여러분은 다른 점수를 매길지도 모른다. 만약 그런 유혹이 꿈틀댄다면, 세이건의 『악령이 출몰하는 세상』을 찬찬히 읽고 다시 한 번 생각해보기 바란다.

8장

다윈주의는
왜 죽은 이론인가

나의 깊은 신앙은 우리가 인식할 수 있는 세계를 이해할 수 있도록
스스로를 조금씩 보여주는 높은 정신에 대한 겸허한 찬양으로 이루어져
있다. 신에 대한 나의 생각은 드높은 이성적 힘의 존재에 대한 그
깊은 정서적 확신, 무한한 우주에 드러나 있는 그 힘에 대한 확신으로
이루어져 있다.[88]

— 1927년, 아인슈타인

이 책의 앞부분에서 나는 신에 대한 의문이 궁극적으로 신념과 이성의 대립이 아니라 지식과 무지의 대립에서 생겨난다고 말한 바 있다. 이 의문을 신념과 이성의 대립구도로 몰고 간다는 것은 신념과 이성이 서로를 용납하지 않는다는 뜻이 된다. 그러나 신념을 가진 동시에 이성적인 상태를 유지하는 것은 불가능한 일이 아니다. 인간은 어떤 경우라도 신념과 이성의 대립 구도를 넘어설 수 있다. 앞에서 논했던 기억의 경험을 통해 우리는 설계자(또는 신)에 대한 지식을 얻을 수 있다. 또 이를 통해 자유의지 문제에 대한 궁극적인 해답을 얻고 우리가 설계에 의해 존재한다는 사실을 확신할 수도 있다. 여기에 증거가 없는 신념은 필요치 않다. 데닛처럼 영리한 이들도 깊고 놀라운 무지를 노골적으로 드러내곤 한다. (그는,

"우리를 위해 어두운 벽장에서 밝은 빛이 튀어나올 시간이 왔다. 이제 유령들과 요정과 부활절 토끼*와 신을 믿지 않는다고 솔직히 인정하자."[89]고 말했다.)

내가 여기서 말하고자 하는 것은 지적설계론이 아니다. 그러나 굴드, 데닛, 도킨스 같은 이들이 생명체가 아주 잘 설계된 것 같지 않아보인다는 이유를 들어 신을 부정한다는 점에 대해서는 생각해봐야 한다. 굴드는 난초에 대해 이렇게 주장했다.

> 만약 신이 자신의 지혜와 권능을 반영할 수 있는 아름다운 기계를 설계했다면 통상 다른 목적에 적합한 부품들을 조합하지는 않았을 것이다. 그런 면에서 볼 때 난초는 이상적인 설계자가 만든 작품이 아니다. 난초는 마치 어딘가 아쉬워보이는 응급장비처럼 쓸모 있는 구성요소가 부족하다. …… 이상한 배열과 우스운 해결책은 진화의 증거다. 신에게 분별력이 있다면 진화 같은 방법을 택하지는 않았을 것이다. 진화는 시간의 흐름에 따라 어쩔 수 없이 이루어진 자연적 과정이다.[90]

굴드는 눈에 보이는 대상이 부족하게 설계된 것처럼 느껴진다는 이유로 신을 부정한다. 제임스 Q. 윌슨도 비슷한 말을 한 적이 있다.

---

* **부활절 토끼Easter Bunny** | 아이들에게 줄 부활절 바구니를 가져온다는 가상의 토끼.

만약 지적인 설계자가 인간의 눈을 만들었다면, 그는 뭔가 큰 실
수를 저지른 셈이다. 눈의 망막에는 시각적 능력에 도움이 안 되
는 맹점이라는 부위가 있다.[91]

굴드와 윌슨은 만약 신이 세상을 설계했다면 만물이 좀 더 완벽
해야 한다고 주장한다. 결국 우리가 신에게 기대하는 것은 인간
의 입장에서 보는 완벽이란 말이 아닌가? 어떤 신이 인간의 눈
높이에 머무를 정도로 어리석고 우둔하단 말인가?

이런 주장이 어떤 면에서 좋은지는 모르겠으나, 굴드와 윌
슨이 이상적인 설계와 아름다움에 대한 자신들의 선입견에 비
추어 신의 존재를 판단했다는 점만은 분명하다. 그들은 자신들
이 생각하는 설계자의 기준에 신이 맞지 않는다는 이유로 신의
존재를 부정한다. 그러나 만약 그들이 말하는 '이상한 배열'과
'실수'가 의도된 것이라면? 만약 신이 숙련된 기술자 대신 서투
른 수선공처럼 보이고 싶어했다면 어떨까? 이것이 바로 진실이
다. 그러나 내 주장의 핵심은 따로 있다. 나의 주장은 다원주의
를 반대하는 다른 사람들의 주장과 공통되는 부분이 별로 없다.
아니, 다윈과 그의 수많은 추종자들에게 반대하는 나의 주장은
실재만이 유일한 가능성이라는 필연적인 지식에서 나온다.

어쩌다 보니 나의 동맹이 되어버린 데닛의 얘기로 다시 돌
아가보자. 그가 말한 대로, 만약 현실주의가 진실이라면,

다윈주의는 생물계에 분명히 존재하는 모든 설계를 전혀 설명할 수 없는 죽은 이론이다. 다윈주의는 마치 기계적인 방법으로 체스를 한 판만 둘 수 있도록 만든 컴퓨터 프로그램(말하자면, 러시아의 체스 명인 알레킨이 1914년 독일 만하임에서 플람베르크라는 선수와 한 경기만을 경기를 치루고 돌연 경기장을 빠져나간 것처럼)이 어찌 된 영문인지 이상하게도 모든 경쟁자를 계속 이기고 있다고 말하는 듯하다. 이것이야말로 기적적인 균형을 통해 미리 예정된 조화가 아니고 무엇이겠는가. 이런 관점에서 보면 생물이 '승리'를 이어나가는 이유를 다윈주의에서 찾으려는 사람들의 주장은 우스울 따름이다.[92]

데닛은 정확하게 의표를 찔렀다. CFD를 부정하는 현실주의는 진화가 다양한 방향으로 가지를 뻗었을 수도 있고, 뻗을 수도 있다는 주장을 무색하게 만든다. 현실주의는 모든 다른 가능성들을 부정하고 지금 우리가 존재하고 있는 이유를 설명해준다. 현실주의는 진화생물학을 전복시키고 우리가 희박한 가능성을 뚫고 존재한다는 도킨스의 주장을 굴복시킨다. 이 책을 펴기 전에 확률론이나 진화론으로 인해 현실적인 삶에 대해 위축된 생각을 가졌던 이들이라도 이제 그럴 필요가 없다. 우리가 지금 이 순간, 알맞은 때에 살아 있다는 사실에 대해 확신을 갖기 바란다. 현실주의는 생물의 적응, 경쟁적 우위, 돌연변이 같은 말로 만물의 존재 이유를 설명하려는 자들의 주장을 웃음거리로 만든다. ('죽은 이론'이나 '웃음거리' 같은 용어는 내가 아니라 데닛이 먼저 쓴 말이니 부디 비난의 화살을 내게 돌리지 말길 바란다. 물론 나도 확률론이나 진화론을 옹호하는 이들에게 이런 말이 아주 잘 어울린다고 생각하기는 한다. 어프렌티스Apprentice 라는 리얼리티 쇼에서 부동산 재벌 도널드 트럼프가 지원자들에게 "당신은 해고야."라는 최후통첩을 날리듯이, 그들이 다다를 종착지는 아주 분명하다. '죽은 이론'이나 '웃음거리'같이 노골적인 말이 다윈론에 어떤 의미인지는 의심의 여지가 없다. 하지만 거의 모든 과학자들이 과학적이지도 않고 옳지도 않은 다윈주의를 신봉하는 것은 내 탓이 아니다.)

"죽은 존재들에게는 없고 생존한 존재들에게는 있는 강점은 무엇인가?", "사건 A는 왜 발생했고 사건 B는 왜 발생하지 못했는가?", "X는 뇌에 있는데 Y는 왜 없는가?" 같은 질문들, 즉 진화론적 사고방식에서 볼 수 있는 끝없는 질문들은 핵심에서 비켜난 무관한 의문일 경우가 많다. (이런 의문들에 대해 학자들이 내놓는 해석은 꼬리에 꼬리를 무는 사색의 소재도 되고 아주 재미있기도 하지만 때로는 아주 추잡스러운 지적 전쟁으로 변질되기도 한다. 학계는 서로 이해관계가 별로 없기 때문에 학문적 앙숙은 더 악연이 될 수도 있다.)

가령, 다이아몬드는 유럽인들이 왜 다른 곳을 정복하지 않고 잉카 문명을 정복했는지에 대해 의문을 던진다. 그가 말하는 지리적 우연은 아주 논리적이고 그럴듯해보인다. 그러나 궁극적으로 분석해보면 우연은 그 일과 전혀 상관이 없다. 우리는 히틀러나 알렉산더 대왕이나, 뉴턴 같은 역사적 인물들이 태어나지 않았다면 어떻게 됐을까라는 질문을 흔히 듣는다. 그리고 이에 대한 대답들은 아주 이론적이고 학문적이다. 그러나 그 대답들 역시 상상일 뿐이기는 마찬가지다. 나는 이런 이론화가 본질적으로 무익하고 의미 없다고 생각한다. 역사는 설계에 의해 발생했고, 과거의 일은 다른 방식으로 일어날 수 없었다. 만물이 현재의 모습으로 존재하는 이유는 그 모습으로 존재하도록 결정되어 있기 때문이다. 탈레브는 이렇게 말했다.

> 역사학이나 사회과학같이 '말랑한' 분야는 미학이나 예술 분야보다 약간 높은 수준 정도에 위치하도록 지위를 격하시킬 필요가 있다.[93]

이렇게 심하게 말할 정도는 아니라고 생각하지만, 과거가 이루어진 방식에 대해 역사가들이나 진화생물학자들이 내놓는 설명 가운데 상당 부분이 이른바, '이야기 의존적 연구'와 닮아 있는 것만은 분명하다. 이야기 의존적 연구란 과학적 근거를 제시하기보다는 추측을 바탕으로 일종의 논리를 지어나가는 방식이다. 인간은 세계를 이해하기 위한 해석을 찾지만 우리가 내놓는 해석 가운데에는 궁극적으로 깊이가 얕고 공허한 내용들도 있다. (탈레브의 중요한 업적에 대해서는 참고문헌[93] 부분을 참조하기 바란다.)

신을 부정하는 이들은, 신이 있다면 어째서 악마나 고통이 있을 수 있느냐고 반문한다. 그들은 신이 자비로운 존재라고 가정하기 때문에 히틀러 같은 인물이 태어나거나 쓰나미같이 파괴적인 자연현상이 일어나서는 안 된다고 생각한다. 세상의 고통을 보며 그들은 신이 없다고 생각한다. 인간의 삶에 개입하는 초자연적인 개념의 신과 달리, 아인슈타인처럼 자연법칙의 조화 속에 신의 모습이 녹아 있다고 생각한다면 나는 만물이 꽤 괜찮게 설계되었다고 말하고 싶다. 인간의 눈높이에서는 스스로 자유롭다고 느끼고 히틀러를 저지하거나 악마에 맞설 힘이 있다고 믿을 수도 있다. 그러나 결국 우리는 과거에 다르게 행동할 수 있었다고 말할 수가 없다. 이런 관점에서 보면 책임감이나 도덕심, 죄책감, 수치심, 형벌 같은 개념에 대해서도 다시 생각해봐야 한다. 그러나 이는 부수적인 문제이다. 설계자에게 더 많은 것을 바라고 싶은 사람들도 있겠지만, 나는 지금의 상황이 그 모습 그대로 완벽하다고 생각한다.

지금은 고대 그리스 도시 델포이의 아폴로 신전 입구에 새겨져 있었다는, '너 자신을 알라.'는 저 유명한 말에 대해 다시 한 번 생각해볼 때이다. 우리 자신을 알라는 명령을 따른다면 참된 자유를 위해 기억을 사용하게 될 것이고, 그리하면 종국에는 신에게 도달할 수 있으리라. 우리 모두는 경험을 이용하여 확실성과, 마음의 평화와, 궁극적인 해답에 이를 수 있다. 우리는 우리 자신이 설계에 의해 여기에 존재하며 미래가 이미 정해져 있다는 사실을 알 수 있다. 우리는 자연이 법칙에 따라 질서정연한 상태로 유지되고 있다는 사실을 알 수 있다. 그리고 우리는, "신은 주사위 놀이를 하지 않는다."는 아인슈타인의 말이 옳았다는 사실을 알 수 있다.

시간의 방향에 대한 고찰

여기에서는 시간에 관한 문제와 시간에 특정한 본질적 방향성이 있는지에 대해 간단히 살펴보고자 한다. 짧은 지면을 통해 이 문제에 대해 완벽한 해결책을 제시할 수 없지만(시중에는 이 주제에 대해서만 집중적으로 다룬 책들도 많이 나와 있다.), 최소한 기본적인 개념은 잡을 수 있으리라 기대한다.

일반적으로 과학계에서는 하나의 당구공이나 하나의 행성 같은 물체의 움직임은 역행시킬 수 있지만 다수의 물체는 그럴 수 없다고 여긴다. 평형 상태가 아닌 다수의 물체가 관련되는 경우를 제외하면 시간에는 특별한 방향성이 없다고 한다. 이에 대해 에딩턴은 이렇게 말했다.

단일체로 볼 수 있는 어떤 물체에 일어나는 변화는 되돌릴 수 있

다. 자연법칙은 현상이 일어나는 것만큼이나 쉽게 현상을 되돌
릴 수 있게 만든다.[94]

그러나 그는 또 이런 말도 덧붙였다. (굵은 글씨는 그가 강조한
부분)

> 변화의 시발점을 부가 요소로 치부하고 배제해버릴 권리가 우리
> 에게 있을 수도 있다. 이 역시도 후차적인 움직임을 지배하는 자
> 연법칙의 일관된 계획에 포함되어 있을 수 있다. …… 지구의 움
> 직임을 독립적인 문제로 본다면, 지구가 **정해진** 방향으로만 가
> 야 한다는 조항을 자연법칙에 끼워 넣을 수는 없을 것이다.[94]

에딩턴은 자연이 '시발점'에 관여할 수도 있다고 인정해놓고, 지
구가 현실에서 실제로 움직이고 있는 방향으로만 가야 할 이유
가 없다고 주장한다.

'기원적 사건original event'이 현실적 사건의 실질적인 시발
점을 알려준다는 개념, 그리고 좌우로 흔들리는 진자운동에 대
한 지루한 논의 후에 P. C. W. 데이비스는 이렇게 말했다. (굵은
글씨는 그가 강조한 부분)

> 여기에서 중요한 것은 사건을 거꾸로 돌리는 역순적 사건들이
> **발생했느냐**는 것이 아니라, 역순적 사건들이 물리법칙과 일상적

상황에 완벽하게 일치하는 방식으로 발생할 수 있었느냐는 것이다.[95]

이 진술에서 나타난 CFD에 주목하기 바란다. 역순직 사건이 물리학적 법칙에 들어맞는다고 해서 자연이 어떤 상황에 개입하지 않았다고 할 수는 없다. 행성 같은 물체가 자신이 실제로 움직이는 진행방향에 대해 무관심하다는 증거는 없다.

사실, 자연법칙에는 지구가 태양 주위를 돌 때 특정한 방향(실제로 움직이는 방향)으로 진행해야 한다는 조항이 들어 있다. (실제만이 유일한 가능성이다.) 우리는 앞으로 향하고 있는 태양의 모습(실제 상황)을 찍은 사진과 뒤로 향하고 있는 태양의 모습(비현실적 상황)을 찍은 사진을 구분할 수 없다. 즉, 상반된 어떤 두 가지 현상이 동일하게 보인다 해도 우리가 무지하기 때문에 두 가지 현상의 차이를 발견하지 못할 뿐, 자연계의 시간이 대칭을 이루고 있는 것은 아니라는 말이다. 자연에는 진행방향이 정해져 있다. 대자연은 무언가가 움직이고 있는 방향에 대해 무관심하지 않다. 시계추나 당구공 같은 물체가 앞으로 진행하는 모습과 뒤로 진행하는 모습을 우리가 사진으로 구분해낼 수 없다고 해서 자연이 물체의 진행방향에 대해 무관심하다고 결론 내릴 수는 없는 노릇이다.

시간에도 자연이 선호하는 방향성이 있고, 자연이 과거와 미래를 구분 짓는다는 주장에는 실질적인 증거가 있다. 그린, 데이비스, 마틴 가드너 같은 이들은 K중간자[*] 붕괴가 시간의 방향성을 말해주는 강력한 증거라는 사실과 CPT(Charge Parity Time: 전하 홀짝성 시간)[**] 원리에 대해 논했다. 그러나 그린과 데이비스

*** K중간자**K° meson | 전자보다 무겁고 양성자보다 가벼운 질량을 가진 소립자를 중간자라고 하는데, 중간자는 수명이 짧고 불안정하며, 붕괴되어 더 가벼운 소립자가 된다. K중간자는 몇 가지 중간자 가운데 하나다. 물리학자들은 케이온과 그 반입자의 자발적 붕괴 현상을 연구하며 K중간자과 그 반입자의 붕괴 방식이 약간 다르다는 사실을 밝혀냈다. 만약 입자와 반입자에 다른 차이가 없다면 둘에 적용되는 물리 현상이 동일해야 하지만 그렇지 않은 것으로 보인다.

**** CPT** | CPT를 이해하려면 먼저 대칭이론을 알아야 한다. 대칭이론은 물리계에 전하(C, Charge), 홀짝성(P, Parity), 시간(T, Time)이라는 3요소가 있고, 이 요소들이 대칭을 이루고 있으며, 이 가운데 하나가 변해도 전체 계(system)에는 원래의 물리법칙과 똑같은 물리법칙이 적용된다는 이론이다.

대칭이론은 20세기 중반까지도 정설로 받아들여졌다. 그러나 1956년 중국의 양전닝과 리정다오라는 두 물리학자가 P 대칭성이 깨질 수 있다는 이론을 내놓아 물리학계에 충격을 안겼다. P 대칭성이 깨질 수 있다는 것은 자연이 왼쪽과 오른쪽을 구분할 수 있다는 뜻이기 때문이다.(홀짝성 법칙에 대해서는 137쪽 내용 참조)

그리고 오래지 않아 C 대칭성도 깨질 수 있다는 사실이 이론적으로 증명되면서 물리학계는 일대 혼란에 휩싸였다. 물질계에서 P 대칭 파괴 현상은 발생할 수 있으나 전하 변환 대칭성(C 대칭성)마저 깨진다면 반물질, 반입자 세계에서의 물리학 법칙을 재정립해야 하기 때문이다.

이에 학자들은 C와 P 대칭성이 깨진다 하더라도 CP 대칭성, 즉 전하와 홀짝성을 동시에 바꿔주면 대칭성이 유지된다는 그럴듯한 이론을 내놓았다. 그러나 안도감도 잠시, 1964년 미국의 제임스 크로닌과 발 피츠가 CP 대칭성마저 깨진다는 것을 수명이 매우 짧은 케이온 붕괴과정을 통해 입증한 것이다. 결국, CPT 대칭성이론이 학계에서는 여전히 유효하지만 우주는 대칭보다는 비대칭일 가능성이 높다고 할 수 있다.

는 자신들이 논한 내용을 현실 세계와 무관한 예외적 법칙으로
보았다. 내 철학적 관점으로는 인간의 경험 수준이나 기본 입자
들의 상태와는 상관없이 대자연이 일관성을 유지해야 한다. 그
리하여 만약 시간의 대칭 상태가 어느 한 장소에서 관찰된다면,
그 관찰 결과가 모든 곳에서 그 대칭 상태가 유지된다는 사실을
확인할 수 있는 중요한 실마리로 작용할 수 있어야 한다. 1964
년 제임스 크로닌과 발 피치가 내놓은 연구 결과에서 발단된
CPT 대칭에 관한 문제에 대해 가드너는 이렇게 말했다.

유일한 해결책은 T 대칭이었다. 아직 정확한 이유는 밝혀지지
않았지만 물리학자들은 마이크로적인 수준에서 자연이 때때로
과거와 미래의 차이점을 구분한다는 놀라운 사실을 받아들일 수
밖에 없었다. 에딩턴이 시간의 '화살'이라 부른 것은 어떤 미세
한 상호작용들 속에 실제로 깊이 숨어 있다.[96]

보다 최근에는 유럽 입자물리학연구소의 CPLEAR 실험[***]
과 미국 페미르 연구소의 KTeV 실험[****]에서 시간의 화살에 대한

직접적인 증거가 드러났다. 비록 이런 실험들이 고전물리학이나 일상적 실재의 세계와는 거리가 멀지만 자연에 숨어 있는 시간의 비대칭성을 보여주는 것은 사실이다. 미시적 세계와 거시적 세계 사이의 총체적인 일관성을 알 수 있는 단순하고도 분명한 방법은 당구공의 움직임을 되돌릴 수 없다는 사실을 이해하는 것이다. 다시 말해, 인간의 눈으로 사진을 보고 물체의 방향성을 알 수 없다 해도, 자연은 고전물리학과 양자물리학을 통틀어 방향성에 관여한다고 볼 수 있다. 물체의 시발점을 우리가 알 수 없다고 해서, 그 물체가 실제 시발점인 왼쪽이 아니라 오른쪽에서 움직이기 시작했을 수도 있다고 가정하는 것은 옳지 않다.

프로젝트다.

아인슈타인, 신, 그리고 첫 번째 총사

신과 종교에 대한 아인슈타인의 입장에 대해서는 수십 년 동안 연구와 논란이 이어져 내려왔고, 종교인들과 무신론자들은 저마다 자신들의 관점에서 아인슈타인을 해석해왔다. 지난 여름, 나는 크리스토퍼 히친스가 쓴, 『신은 위대하지 않다: 모든 것에 독이 되는 종교 *God is Not Great: How Religion Poisons Everything*』라는 책을 읽었다. 이 책에서 히친스는 자신이 삼총사의 네 번째 총사라고 말한다. 그는 첫 번째 총사로 『만들어진 신 *The God Delusion*』을 쓴 리처드 도킨스를 꼽았고, 두 번째 총사로는 『마법의 주문 깨뜨리기: 종교라는 자연현상 *Breaking the Spell: Religion as a Natural Phenomenon*』을 쓴 대니얼 데닛, 세 번째 총사로는 『기독교 국가에 보내는 편지 *Letter to a Christian Nation*』를 쓴 샘 해리스를 꼽았다. 히친스를 포함한 이들 네 명은 무신론에 관한 베스트셀러 작가들로 유명하다. 그러나 『신: 실패한 가설. 신의 부재를 보여주는 과학 *God: The Failed Hypothesis. How Science Shows that God Does not Exist*』을 쓴 빅터 J. 스텐저는 일반적으로 이 무리에 속하지 않는다. 이유가 있다면 이 책의 제목과 달리 과학으로는 신의 부재를 증명할 수 없기 때문일 것이다. (세이건은, "증거가 부재하다는 것이 부재의 증거는 아니다."라고 말했다. 그렇다고 집에서 숨죽이며 외계인의 전화를 기다리는 일은 부디 없기를 바란다.)

이 자리에서 무신론에 대한 신간 서적들을 살펴볼 생각은 없다. 다만 나는 신을 공격하는 여러 주장들이 특별히 참신하다고 생각하지 않는다는 점을 말하고 싶다. 더욱이 앞서 열거한 책의 저자들은 불합리하게도 신과 종교를 하나로 묶어서 생각하는 경향이 있다. 세상의 종교와는 별개로 신은 그 자체로도 충분히 의미가 있을 수 있다. 여기에서 중요한 것은 도킨스가 무신론자들의 입장을 뒷받침하는 증거로 아인슈타인을 이용했다는 점이다. 도킨스는 아인슈타인이 '무신론적 과학자'였다고 분명히 주장했다.[97] 물론 도킨스는 아인슈타인이 다른 자랑스러운 무신론자들과 함께 자신의 편에 서 주기를 바랐을 것이다. 나는 아인슈타인의 의견을 남용하는 초자연주의자들을 비난했던 도킨스라면, 도킨스 자신도 아인슈타인을 남용했다는 사실에 대해 양심의 가책을 느꼈으리라 생각한다. 그는 자신과 반대 의견을 가진 사람들을 가리켜, '말귀를 잘못 알아들으려 안달이나 있는 데다가, 저명한 사상가를 자신의 편이라고 주장하는 사람들'이라고 말했다.

나는 아인슈타인이 말하는 종교와 초자연적 종교가 다르다는 도킨스의 주장에 전적으로 동의하는 사람이라는 사실을 밝혀두고자 한다. 확실히 아인슈타인은 인간의 일상에 개입하는 초자연적 개념의 신을 믿지 않았으며, 그런 믿음을 가진 이들을 다소 순진한 사람들이라고 생각했다. 하지만 이런 사실을 근거로 도킨스처럼 아인슈타인을 무신론자라고 규정지을 수는 없다. (도킨스는 또한 아인슈타인이 다신론을 숭상했다고 말하면서, '다신론은 성적으로 각색된 무신론'이라고 주장했다.)

그렇다면 아인슈타인은 과연 무엇을 믿었을까? 아인슈타인은 신과 우주에 대해 다음과 같이 말했다.

나는 무신론자가 아니다. 또 내 자신을 다신론자로 규정할 수 있을지도 잘 모르겠다. 우리의 제한적인 지성으로 답하기에는 너무나 큰 문제이다.

나는 불가지론자라고 할 수도 있을지 모른다. 그러나 젊은 날 주입된 종교적 교리의 족쇄에서 자유를 얻기 위해 고통스럽게 몸부림치는 전문 무신론자의 십자군 정신이 내게는 없다.

광적인 무신론자들은 어렵사리 벗어던진 쇠사슬의 무게를 여전·

히 느끼고 있는 노예와 같다. 그들은 전통적 종교에 대한 집단 무의식적 원한에 빠져 우주가 들려주는 음악을 들을 수 없는 피조물이다.

진지하게 과학을 추구하는 이들은 우주의 법칙에 명백하게 깃들어 있는 정신을 확신하게 된다. 그 정신은 인간의 그것보다 월등하며, 우리의 나직한 능력을 겸허하게 인정해야 한다는 깨달음을 전해준다.

사람들은 신이 없다고들 한다. 그러나 정말 화가 나는 것은 그들이 자신들의 견해를 뒷받침하는 증거로 내 말을 인용한다는 사실이다.[98]

이런 구절을 읽다보면 아인슈타인을 무신론자로 보기가 어렵게 느껴진다. 첫 번째로 든 인용문의 첫 문장부터 아인슈타인은 자신이 '무신론자가 아니다.'라고 또박또박 말한다. 이 책의 주 관심사가 신에 대한 아인슈타인의 생각을 알아보는 것은 아니지만 그가 우주의 법칙과 조화 속에 어떤 정신이 녹아 있다는 개념을 받아들인 것만은 분명하다. 오늘날 과학자들은 주사위 놀이를 하는 신과 본질적 무작위성을 무작정 신봉하지만 그는 그렇지 않았다. 다른 여러 과학자들의 문헌에서는 '인간의 정신보다 월등한 정신'이라는 개념을 찾아보기가 어려울 것이다. 겸손은 또 어떤가? 우리는, '자연은 인간의 강력한 지성이 발견하지 못하도록 근원적인 비밀을 잘 숨겼어야 했다는 말을 듣고 놀라는 건 순진한 사람이다.'라는 에딩턴의 말에서 과학자들이 가지고 있는 거만한 지적 만용을 이미 엿보았다. 주위에 과학자가 있다면 그에게서 겸손을 찾아볼 수 있는지 찬찬히 살펴보기 바란다. 만약 여러분도 나와 비슷한 경험을 하게 된다면 나의 고충을 충분히 이해하게 될 것이다.

월터 아이작슨은 아인슈타인에 대한 연구에 누구보다도 많은 시간을 할애했던 사람이다. 『아인슈타인 삶과 우주 *Einstein: His Life and Universe*』에서 그는 이렇게 기술했다.

아인슈타인은 신을 믿는 사람들을 헐뜯으려 한 적이 결코 없다. 대신 그는 무신론자들을 비난하는 경향이 있었다. …… 사실, 아인슈타인은 믿음이 충만한 사람보다는 겸손이나 경외감이 부족해보이는 무책임한 폭로자들을 더 신랄하게 몰아붙이곤 했고.[99]

아인슈타인은 도킨스의 주장처럼 무신론자였을까? 판단은 여러분의 몫이다.

참고문헌

1장 책을 시작하면서

1 Albert Einstein, *The Born-Einstein Letters: Correspondence Between Albert Einstein and Max and Hedwig Born from 1916 to 1955 with Commentaries by Max Born*, trans. Irene Born(New York: Walker and Company, 1971). p.149.

2 Carl Sagan, *The Demon-Haunted World: Science as a Candle in the Dark*(New york: Random House, 1995), p.28.

3 Nick Herbert, *Quantum Reality: Beyond the New Physics*(Garden City, Anchor Press/Doubleday, 1985), p.xii.

2장 여정의 출발

4 Werner Heinsenberg, *Physics and Philosophy: The Revolution in Modern Science*(New York: Harper Torchbooks, Harper and Row), see p.42.

5 Philip J. Davis and Reuben Hersh, *Descartes' Dream: The World According to Mathematics*(San Diego: Harcourt Brace Jovanovich, 1986), p.18.

6 Ernst Mayr, *What Evolution Is*(New York: Basic Books, 2001), pp. 119-120.

7 Robert H. March, *Physics for Poets*(New York: McGraw Hill Book Company, 1970), see p.243 for a discussion of Bohr.

3장 과학 너머의 세계

8 Norman O. Brown, *Love's Body*(New York: Vintage Books, 1966), p.244.

9 Albert Einstein, *The New Quotable Einstein*, Collected and edited by Alice Calaprice(Princeton: Princeton University Press, 2005), p.194.

10 Stephen W. Hawking, *A Brief History of Time*(New York: Bantam Books, 1988), p.175.

11 Michael Shermer, *How We Believe: The Search for God in an Age of Science*(New York: W. H. Freeman, 2000), p.97.

12 Alfred Jules Ayer, *Language, Truth and Logic*, 2nd Edition (London, 1946; New York: Dover Publications, Inc., 1952), p.118.

13 Stephen Jay Gould, *The Panda's Thumb: More Reflections in Natural History* (New York: W. W. Norton & Company, 1980), p.20.

14 Michael Shermer, *Why People Believe Weird Things: Pseudoscience, Superstition, and other Confusions of Our Time* (New York: Owl Books, Henry Holt and Company, 1997), p.xxi.

4장 자유의지 문제에 대한 해결책

15 Walter Isaacson, *Einstein: His Life and Universe* (New York: Simon and Schuster, 2007), p.392.

16 Daniel Dennett, *Darwin's Dangerous Idea: Evolution and the Meanings of Life* (New York: Simon & Schuster, 1995), see discussion of actualism on pp.106, 120, 182n, 260.

17 Max Born, *The Born-Einstein Letters*, p.155.

18 Robert M. Augros and George N. Stanciu, *The New Story of Science: Mind and the Universe* (Chicago: Gateway Editions, 1984), pp.30-31.

19 Isaacson, *Einstein: His Life and Universe*, see p.387 and surrounding.

20 Brown, *Love's Body*, pp.88-89.

21 Dennett, *Darwin's Dangerous Idea*, p.120.

22 Richard Dawkins, *Unweaving the Rainbow: Science, Delusion, and the Appetite for Wonder* (London: Longmans, 1986), pp.1-2.

23 Dennett, *Darwin's Dangerous Idea*, p.260.

24 Richard Feynman, *The Character of Physical Law* (London, 1965; Cambridge, Mass.: MIT Press, 1967), p.108.

25 Bernard Berofsky, ed. *Free Will and Determinism* (New York: Harper and Row, 1966), pp.17-19.

26 John Bell, quoted in *The Ghost in the Atom*, edited by P. C. W. Davies and J. R. Brown (Cambridge: Cambridge University Press, 1999), p.47. (아래는 P. C. W. 데이비스가 편집자로 참여한, 『원자 속의 유령 *The Ghost in the Atom*』이라는 책에 나오는 벨과 편집자들의 대화를 인용한 것이다. 아래에 인용한 『뉴욕 타임스』 특집기사를 비롯해서 여러 유명

과학 서적에 등장하는 P. C. W. 데이비스P. C. W. Davies와 폴 데이비
스Paul Davies는 동일 인물임을 밝혀둔다.)

벨: 아시다시피, 이 내용은 세계가 극도로 결정론적인 방법으로 이루어졌다
는 사실을 이해하는 방법 가운데 하나입니다. 자연뿐만 아니라 인간이
실험을 선택할 수 있다고 생각하는 실험자들 역시 결정론적인 상황에
직면해 있는 것이죠. 그렇게 본다면 실험 결과에서 비롯되는 어려움은
사라져버릴 겁니다.

편집진: 우리를 위기에서 건져주는 자유의지가 환상이라는 말씀인가요? 정
말 그렇습니까?

벨: 정확한 말씀입니다. 만약 실험 결과를 분석할 때 자유의지가 존재한다
고 가정하면, 어떤 한 지점에서 발생하는 실험자의 개입이 그 지점에서
멀리 떨어진 곳에 여러 결과들을 초래한다고 생각할 수 있지요. 하지만
빛의 속도가 제한적이라는 점을 감안하면 이런 결과들이 나타나지 못할
수도 있습니다. 그러나 만약 실험자에게 상황에 개입할 수 있는 자유가
없고, 실험자가 개입하는 상황 역시 미리 결정되어 있다면 어려움이 사
라져버리겠지요.

27 Feynmann, *The Character of Physical Law*, p.108.

28 Ilya Prigogine and Isabelle Stengers, *Order Out of Chaos: Man's New
Dialogue with Nature*(New York: Bantam, 1984), p.xxvii.

29 Einstein, in Calaprice, *The New Quotable Einstein*, pp.228-229. The two
'malicious' quotes are found here.

5장 자연법칙의 불편한 진실

30 Einstein, in Calaprice, *The New Quotable Einstein*, p.196.

31 Steven Weinberg, quoted in *The Atheism Tapes* by Jonathan
Miller, BBC, 2004, http//cotimotb.siteburg.com/wiki/index.
php?wiki=AtheismTapesTwo.

32 Sir Arthur Eddington, *The Nature of the Physical World*(Cambridge,
1929, rpt. Ann Arbor: University of Michigan Press, 1958), see
discussion on p.74 and following pages.

33 Richard Feynman, Robert B. Leighton, Matthew Sands, *The Feynman Lectures on Physics,* Volume1 (Reading, MA: Addison Wesley Publishing Company, 1963), p.6-2.

34 Natalie Angier, *The Canon: A Whirligig Tour of the Beautiful Basics of Science*(New York: Houghton Mifflin Company, 2007), p.48.

35 Richard C. Tolman, *The Principles of Statistical Mechanics* (Oxford: At the Clarendon Press, 1938), see extensive discussion on pp.59-66.

36 David Halliday and Robert Resnick, *Physics: Parts I and II,* combined 3rd edition(New York: John Wiley and Sons, 1978), pp.557-564.

37 G. S. Rushbrooke, *Introduction to Statistical Mechanics,* (Oxford: At the Clarendon Press, 1949), p.8.

38 The definition of probability as a number from 0 to 1 is from Steps, Probability, http://www.stats.gla.ac.uk/steps/glossary/

39 Herbert, *Quantum Reality*, p.236.

40 Walter J. Moore, *Physical Chemistry*, 4th edition (Englewood Cliffs, NJ: Prentice-Hall, Inc., 1972), p.178.

41 Feynman, *The Character of Physical Law*, p.100.

42 Feynman, *The Character of Physical Law*, p.122.

6장 양자론에 대한 광적 믿음의 실체

43 Albert Einstein, letter to Erwin Schrödinger, 1928, *Letters on Wave Mechanics*(New York: Philosophical Library, 1967), p.31.

44 Richard Feynman, *The Feynman Lectures on Physics*, Volume1, pp.6-10.

45 Feynman, *The Character of Physical Law*, p.146.

46 B. K. Ridley, *Time, Space and Things*(Harmondsworth: Penguin Books, 1976), p.136.

47 Feynman, *The Character of Physical Law*, p.145.

48 Einstein, *The Born-Einstein Letters*, p.91.

49 Tolman, *The Principles of Statistical Mechanics*, see p.357.

50 Alford Korzybski, see http://alfred-korzybski.mindbit.com/

51 Nathan Spielberg and Bryon D. Anderson, *Seven Ideas That Shook the Universe*(New York: John Wiley & Sons, Inc., 1987), p.219.

52 Eddington, *The Nature of the Physical World*, p.179.

53 See John McPhee, *The Control of Nature* (New York: Farrar, Straus and Giroux, 1989).

54 Mayr, *What Evolution Is*, p.116.

55 Isaacson, *Einstein: His Life and Universe*, p.332.

56 Stephen Hawking, *Black Holes and Baby Universes* (New York: Bantam Books, 1993), p.70.

57 Fritz Rohrlich, "Facing Quantum Mechanical Reality," *Science* *221* (1983): 1251-55.

58 Brian Greene, "100 Years of Uncertainty," *The New York Times*, April 8, 2005.

59 Tolman, *The Principles of Statistical Mechanics*, see discussion on p.357.

60 See Lee Smolin, *The Trouble With Physics: The Rise of String Theory, the Fall of a Science, and What Comes Next* (Boston: Mariner Books, 2006) and Peter Woit, *Not Even Wrong: The Failure of String Theory and the Continuing Challenge to Unify the Laws of Physics* (London: Jonathan Cape, 2006).

61 Sagan, *The Demon-Haunted World*, see pp.210-216.

62 Nassim Nicholas Taleb, *The Black Swan: The Impact of the Highly Improbable* (New York: Random House, 2007), p.48.

63 Paul Davies, "Taking Science on Faith," *The New York Times*, November 24, 2007.

64 Eyvind H. Wichmann, *Quantum Physics, Berkeley Physics Course-Volume 4* (New York: McGraw Hill Book Co., 1967), p.53.

65 Stephen Hawking, public lecture, "Does God Play Dice?" www.hawking.org.uk/lectures/dice.html.

7장 세이건의 엉터리 탐지 장치

66 Eddington, *The Nature of the Physical World*, p.179.

67 Sagan, *The Demon-Haunted World*, see pp.210-216.

68 J. L. Hodges, Jr., David Krech, and Richard S. Crutchfield, *StatLab: An Empirical Introduction to Statistics* (New York, McGraw-Hill Book Co.,

1975), p.11.

69 Martin Goldstein and Inge F. Goldstein, *How We Know: An Exploration of the Scientific Process* (New York: Plenum Press, 1978), p.323.

70 Gilbert W. Castellan, *Physical Chemistry*, 2nd edition (Reading, Mass.: Addison-Wesley Publishing Company, 1971), p.198.

71 Mayr, *What Evolution Is*, p.120.

72 Murray Gell-Mann, *Plectics*, essay in *The Third Culture*, by John Brockman (New York: Simon and Schuster, 1995), p.320.

73 Dawkins, *Unweaving the Rainbow*, p.73.

74 John Allen Paulos, *Innumeracy: Mathematical Illiteracy and its Consequences* (New York: Hill and Wang, 1988), p.11.

75 Shermer, *Why People Believe Weird Things*, see pp. xiii–xxvi.

76 Eddington, *The Nature of the Physical World*, p.72.

77 See Krishna Myneni, "Symmetry Destroyed: The Failure of Parity," http://ccreweb.org/documents/parity/parity.html

78 John Lienhard, "Engines of Our Ingenuity: Chemical Chirality, No. 604," http://www.uh.edu/engines/epi604.htm. Also see Royston M. Roberts, *Serendipity: Accidental Discoveries in Science* (New York: John Wiley & Sons, Inc., 1989), Chapter 12. Roberts discusses Thalidomide in a chapter on Pasteur.

79 Herbert, *Quantum Reality*, p.236.

80 Richard Dawkins, *A Devil's Chaplain: Reflections on Hope, Lies, Science, and Love* (Boston: Houghton Mifflin Company, 2003), pp.242–248.

81 Richard Dawkins, The World Question Center 2005, www.edge.org.

82 Sagan, *The Demon-Haunted World*, p.211.

83 Michael Shermer, *Science Friction: Where the Known Meets the Unknown* (New York: Times Books, Henry Holt and Company, 2005), see pp.xii–xviii.

84 Richard Dawkins, in *What We Believe but Cannot Prove: Today's Leading Thinkers on Science in the Age of Certainty*, by John Brockman (New York, Harper Perennial, 2006), p.9.

85 Ian Stewart, *Nature's Numbers: The Unreal Reality of Mathematics* (New

York: Basic Books, 1995), p.116.

86 Paulos, *Innumeracy*, p.133.

87 Michael Starbird, description for "*What Are the Chance? Probability Made Clear*," Course No. 1474, The Great Courses, published by the Teaching Company.

8장 다윈주의는 왜 죽은 이론인가

88 Einstein, in Calaprice, *The New Quotable Einstein*, p.195.

89 Daniel Dennett, in "The Big 'Bright' Brouhaha: An Empirical Study on an Emerging Skeptical Movement," by Michael Shermer, *Skeptic*, November 15, 2003.

90 Gould, *The Panda's Thumb*, pp.20-21.

91 James Q. Wilson, "Faith in Theory," *The Wall Street Journal*, December 24-25, 2005.

92 Dennett, *Darwin's Dangerous Idea*, p.260.

93 Taleb, *The Black Swan*, p.171.
탈레브는 이야기 지내어내기 오류Narrative Fallacy에 대해 이렇게 기술했다. "아야기 지어내기 오류는 여러 가지 사실에 대해 조리 있게 설명하지 않거나, 또는 사실 사이의 **논리적 연결**을 억지로 만들어내는 등 사실들의 연쇄적 순서를 통찰하는 능력이 부족하기 때문에 생겨난다. 설명은 사실들 사이의 연결고리 역할을 하고, 각 사실들을 모두 더 잘 기억되게 만들어주며, 사실들에 **더 큰 의미를 부여**해준다. 그러나 잘못된 설명으로 인해 상황에 대해 인상이 굳어지면 설명 전체가 점점 더 이상한 방향으로 흐를 수도 있다." (굵은 글씨는 탈레브가 강조한 부분)

탈레브의 진술을 보면 스티븐 와인버그의 트라이뮤온trimuon 소동이 떠오른다. 1977년, 와인버그와 벤자민 리Benjamin Lee는 소문으로만 떠돌던 트라이뮤온 입자를 실험적으로 관찰할 수 있다는 이론을 내놓았다. 그러나 요세미티 국립공원 여행까지 취소하면서 이들이 꾸며낸 이론은 전혀 사실이 아닌 것으로 밝혀졌다. 자신들의 관찰 결과를 설명하기 위해 이론을 수정하는 것은 과학자들의 주된 활동 가운데 하나다. 약

물검사에서 가짜 양성반응이 나타나듯이, 그럴듯한 이론까지 갖추었던 이들의 트라이뮤온 관찰 주장은 가짜로 판명됐다. 트라이뮤온은 오늘날까지도 발견된 적이 없다.

부록 A 시간의 방향에 대한 고찰

94 Eddington, *The Nature of the Physical World*, p.65.

95 P. C. W. Davies, *Spce and Time in the Modern Universe* (Cambridge: Cambridge University Press, 1977), p.58.

96 Martin Gardner, *The New Ambidextrous Universe: Symmetry and Asymmetry from Mirror Reflections to Superstrings, Revised Editioin*(New York: W. H. Freeman and Company, 1990), p.244.

부록 B 아인슈타인, 신, 그리고 첫 번째 총사

97 Richard Dawkins, *The God Delusion*(Boston: Houghton Mifflin Company, 2006), pp.13, 18.

98 The five passages by Einstein are found in Calaprice, *The New Quotable Einstein*, and Isaacson, *Einstein: His Life and Universe* as follows:

1. Calaprice, p.196.

2. Isaacson, p.390.

3. Isaacson, p.390.

4. Isaacson, p.388.

5. Isaacson, p.389.

99 Isaacson, *Einstein: His Life and Universe*, pp.389-390

색인

가드너, 마틴Gardner, Martin(1914-) 138, 171, 173 『양손잡이 자연세계: 거울반사 이론에서 초끈이론에 이르는 대칭과 비대칭의 세계』 138

가드너, 얼 스탠리Gardner, Erle Stanley (1889-1970) 116

겔만, 머리Gell-Mann, Murray(1929-) 63, 131, 141 『플렉틱스』 131

결정론determinism 55, 57, 70, 76, 102, 105, 126

골드스타인, 마틴Goldstein, Martin 130, 135 『우리는 어떻게 아는가: 과학적 과정 탐구』 130, 135

골드스타인, 잉게 F.Goldstein, Inge F. 130, 135 『우리는 어떻게 아는가: 과학적 과정 탐구』 130, 135

과거, 현재, 미래의 관계 17, 48, 53, 60

굴드, 스티븐 제이Gould, Stephen Jay (1941-2002) 48, 49, 63, 161, 162

그린, 브라이언Greene, Brian(1963-) 21, 112-118, 171, 172 「불확실성의 100년」 112

기억(과거, 현재, 미래와 관련하여)memory 58, 59, 65, 66, 76, 94, 107, 160, 166

노자老子 28

뉴턴, 아이작Newton, Isaac(1643-1727) 70, 105, 132, 143, 165

다윈, 찰스Darwin, Charles(1809-82) 34, 72, 141, 148, 150, 162

다윈론(다윈주의)Darwinism 110, 141, 148, 150, 159, 162-164

　다윈주의자Darwinist 34, 35, 63

다이아몬드, 제러드Diamond, Jared(1937-) 34, 63, 164

데닛, 대니얼 C.Dennett, Daniel C.(1942-) 54-64, 73, 98, 145, 150, 160-164, 175 『여지: 자유의지의 다양성』 54 『다윈의 위험한 생각: 생명의 의미와 진화』 54, 150

데모크리토스Democritos(?B.C.460-B.C.370) 37

데이비스, 필립Davis, Philip(1923-) 『데카르트의 꿈: 수학으로 만든 세계』 33

데이비스, P. C. W.Davies, P. C. W.(Paul Davis, 1946-) 68, 123, 170-172

도킨스, 리처드Dawkins, Richard(1941-) 34, 62, 63, 132, 143-155, 161, 163, 175-179 『무지개를 풀며: 과학, 환상, 그리고 경이로움을 향한 욕구』 62, 132, 149 『눈먼 시계공: 진화론은 세계가 설계되지 않았음을 어떻게 밝혀내는가』 149 『오르지 못할 산 오르기』 149 『만들어진 신』 175

드 브로이, 루이de Broglie, Louis(1892-1987) 105

드레이크, 프랭크Drake, Frank(1930-) 111

라비, 이시도르 I.Rabi, Isidor I.(1898-1988) 138, 140

러셀, 버트런드Russell, Bertrand(1872-1970) 144

러시브루크, G. S.Rushbrooke, G. S. 『통계역학 입문』 87

레스닉, 로버트Resnick, Robert(1923-) 86-93, 95 『물리학』 86

로어리히, 프리츠Rohrlich, Fritz 112

리들리, B. K.Ridley, B. K. 104

린하드, 존Lienhard, John 139

마이어, 에른스트Mayr, Ernst(1904-2005) 34, 110, 131, 140, 141 『진화란 무엇인가』 34, 131